세계화 시대에
한국어 한국인이 모른다

김희숙 · 황경수 · 박종호 지음

청운

■ 머 리 말

　한국어를 올바로 사용하는 것은 우리 민족의 혼을 지켜내는 것과 같다. 최근 국제화 시대에 접어들면서 미국이나 일본 등 소위 강대국들은 소리 없는 전쟁이 한창이다. 즉, 무력이 아닌 경제적, 문화적 침투를 하기 위해 안간힘을 쓰고 있다. 이와 같은 상황 속에서 우리가 지켜내야 할 가장 중요한 것은 무엇일까? 바로 우리말글이다.

　세계화에 발맞추어 나간다는 취지는 좋은 현상으로 받아들일 수 있지만 그 과정에서 우리 정신인 우리말글이 무분별한 외래어의 도입과 남용, 올바르지 못한 사용 등으로 인해 그 본래의 모습을 잃게 된다면 우리 민족의 근간이 흔들리게 된다. 이는 우리말글은 바로 우리 민족의 정신이기 때문이다.

　무엇보다 다행인 것은 2005년에 국어기본법이 생겨나고, 세계지식재산권기구(WIPO)에서 국제공용어로 지정되는 쾌거를 달성하면서 우리 스스로가 우리말글에 대한 인식을 조금씩 깨우쳐 나가고 있다는 사실이다. 현재에도 우리말글을 올바로 사용하는 것에 대한 문제점들을 직시하고 우리말글을 지키기 위한 노력은 끊임없이 진행되고 있다. 또한 최근 인도네시아 부톤섬의 바우바우시 찌아찌아족이 우리글인 한글을 공식문자로 채택하여 사용하게 된 것은 근래 들어 가장 큰 경사가 아닐 수 없다.

　국제화, 세계화로 인해 외국 문화를 받아들이면서 언어에도 적잖은 영향을 주고 있는 것이 사실이다. 현 상황에서 우리는 우리 민족의 혼인 우리말글을 지켜 나가기 위해 우리말글을 올바로 쓰고 외래어의 영향으로 퇴색된 우리말글을 순화해 나가야 한다. 우리말글을 올바로 쓴다는 것은 바로 민족의 혼을 깨끗하게 지켜내 후대에게 유산으로 계승하는 것에 그 의미가 있다.

세계인의 관심을 많이 받고 있는 우리말글, 우리 스스로 지켜낼 수 있는 힘을 기르도록 최선을 다해야 한다. 이 책은 우리들이 우리말글을 올바로 사용할 수 있는 기초가 되도록 우리가 일상에서 많이 사용하고 있지만 올바로 쓰지 못하는 것들을 중심으로 다루었다. 모쪼록 우리말글을 올바로 사용하는 데에 이 책이 조금이나마 도움이 되도록 하는 바람이다.

어려운 경제 여건 속에서도 이 책의 출판을 흔쾌히 도와주신 청운 출판사 정병욱 사장님께 고마운 마음을 전한다.

2009. 11. 30.

차   례

001. 오늘 약속을 '잃어버렸다/잊어버렸다.' ···17
002. 아이가 얼마나 밥을 많이 '먹든지/먹던지' 배탈 날까 걱정 되었다. ···17
003. '닳는'의 발음에 대하여 궁금합니다. ···18
004. '모를까 봐/모를까봐' 어떻게 써야 할까요? ···19
005. 영희는 '찰진/차진' 밥을 좋아한다. ···20
006. 입맛을 '돋궈/돋워' 드리겠어요. ···21
007. 아기가 희고 예쁜 두 손을 물속에서 '고몰거리고/고물거리고' 있었다. ···21
008. 할머니는 요즘 감기로 '낯색/낯빛'이 어두우시다. ···22
009. '숫나사/수나사'로 된 끝은 손잡이를 돌릴 때마다 소리가 났다. ···22
010. '비오듯하다/비 오듯하다.'는 어떻게 써야 하는가? ···23
011. 그는 넘어지고도 '오똑이/오뚜기'처럼 벌떡 일어났다. ···23
012. 화장실에 가려면 '윗층/위층'으로 올라가시면 됩니다. ···24
013. 반점(,)은 어떻게 씁니까? ···24
014. 동이 트기도 전 '어스름/어스름한' 새벽길··· ···26
015. 시골로 내려가신 할머니는 '평안이/평안히' 잘 계신다. ···27
016. 철수는 국에서 '건데기/건더기'를 다 건져내고 국물만 먹었다. ···27
017. 상사나 동료들을 만날 때마다 인사를 해야 할까요? ···28
018. '안', '못' 부정법에 대하여 알려 주세요? ···28
019. 정치 '꾼'/정치 '-(ㅅ)군'은 무엇이 올바른가요? ···29
020. 암탉 한 마리가 '걀걀/꼴꼴'거리며 감도는 걸 보니 근처에 수탉이 있는 모양이다. ···29
021. '절 받으세요.'라는 말을 할 수 있나요? ···30
022. 바람에 문이 열리지 않도록 '도르래/도래'로 빗장을 질러 놓아라. ···30
023. 퀴즈의 정답을 '맞히다/맞추다'에 대하여 알려 주세요? ···31
024. '안되다/안 되다'의 차이는 무엇인가요? ···32
025. 나에게 그러지 '말아요/마요.' ···32
026. 어머님께서 두부를 손수 '만듬/만듦.' ···33
027. 저 학생은 '하마트면/하마터면' 틀릴 뻔 했어. ···33
028. 책상 위에 있는 '찻잔/차잔'을 가지고 왔으면 좋겠다. ···34
029. 옆 사람에게 기대시면 '되요/돼요.' ···34
030. 우리 집 강아지 중에 '얼룩이/얼루기'가 제일 영리하다. ···35

031. '펜팔란/펜팔난'을 보시면 알 수 있어요. …35
032. 선희가 그러는데 민수가 결혼한 '데/대'. …36
033. 늦은 밤에 너를 혼자 보내기가 '꺼림직하다/꺼림칙하다.' …36
034. 우리 집 살림은 무척 '단출하다/단촐하다.' …37
035. 내 친구는 화가 나서 얼굴이 '푸르릭붉으락/붉으락푸르락' 해졌다. …37
036. 우리 큰애가 노란 '수평아리/숫병아리'를 사왔다. …38
037. 이 옷은 '허드래/허드레'로 일할 때 입는다. …38
038. 민수는 조금만 '추켜세우면/추어올리면' 기고만장해진다. …39
039. '석유값/석웃값' 어떻게 써야 하나요? …39
040. 동네 사람들은 '알타리무/총각무'를 수확하느라 바쁘다. …40
041. 손톱에 '봉숭화/봉숭아/봉선화' 물을 예쁘게 들였다. …40
042. 그것을 잘못할 사람이 '아니예요/아니에요.' …41
043. 만수의 얼굴은 '넓죽하다'의 발음은? …41
044. 어머니는 '햇살'이 좋다고 하시면서 '베갯잇'을 빨고 계신다. …42
045. 민주주의의 '의의'의 발음은? …42
046. '신문로[Sinmunro]'의 표기는? …43
047. '솜이불'의 발음은? …43
048. 수민이의 눈은 수정과 같이 '맑다.'의 발음은? …43
049. scout [skáut]의 표기는? …44
050. '빽빽히/빽빽이'는 무엇이 바른가? …44
051. 'flash[flæʃ]'의 표기는? …46
052. 'Caesar[si:zər]'의 표기는? …46
053. '곱절/갑절'은 무엇이 올바른가? …47
054. 'yellow[yelou]'의 표기는? …47
055. '[ketchup]'의 표기는? …48
056. '광한루'의 발음은? …48
057. '얄잡다/낮잡다'의 차이점은? …48
058. '[Jungang]'의 표기는? …49
059. '내노라/내로라'에서 올바른 것은? …49
060. '[Samsung]'의 표기는? …50

061. '[Inwangni]'의 표기는? …50

062. 값을 치루다/치르다'의 차이점은? …51

063. 찌개가 '맛깔지게/맛깔스럽게' 끓는 것을 보니 저절로 배가 고프다. …51

064. '갱신/경신'의 차이점은? …52

065. '추념/추렴'은 무엇이 올바른가? …52

066. '좇다/쫓다'의 차이점은? …53

067. 'clinic[klinik]'의 표기는? …53

068. '엉덩이/궁둥이/방둥이'의 차이점은? …54

069. '[Seolaksan]'의 표기는? …54

070. '책일껄/책일걸'에서 올바른 것은? …55

071. '살지다/살찌다'의 차이점은? …55

072. '[Han Bongnam(Han Bong-nam)]'의 표기는? …56

073. '아니에요/아니예요' …56

074. '[Baekam]'의 표기는? …57

075. '친환경 농업/친환경농업', '친환경 쌀/친환경쌀' …57

076. '첫아들/첫 아들'은 어느 것이 올바른가요? …58

077. 아버지께서 선물을 '잔득/잔뜩' 안고 들어오셨다. …59

078. '달디단/다디단' 사탕을 초등학생은 좋아한다. …59

079. 운동회 날 운동장에는 만국기가 '계양/계양' 되어 펄럭였다. …60

080. 강제 수용소의 이야기는 그를 공포와 '전율/전률'에 휩싸이게 했다. …60

081. 그 집 아들들은 모두가 '밋밋하고/민밋하고' 훤칠하여 보는 사람을 시원스럽게 해 준다. …61

082. '짭짤하게/짭잘하게' 끓인 된장국은 입맛을 돋운다. …61

083. '띄다/띠다'에 대하여 알려주세요? …62

084. 따뜻한 아랫목에 '누으니/누우니' 잠이 온다. …62

085. 누룽지에 물을 붓고 푹 끓인 '누룽밥/눌은밥'은 맛있다. …62

086. 이제 부모 속 좀 작작 '썩혀라/썩여라.' …63

087. 철수는 1학년 2반의 '더퍼리/더펄이'로 소문이 나 있다. …63

088. 영수는 우리 반 최고의 '살살이/살사리'이다. …64

089. 오빠는 밤새도록 몸을 '뒤처기다가/뒤척이다가' 아침이 되어서야 겨우 잠이 들었다. …65

090. 그는 매일 반복되는 생활에 '실증/싫증'을 느끼고 있다. …65

091. 000 아나운서가 잘 '아시는구만/아시는구면' 무엇인 올바른가요? …66

092. '쌀전/싸전' 앞에는 쌀을 사려는 사람들로 시끌벅적 했다. …66

093. 괜히 '섯부른/섣부른' 짓 하지 마라. …67

094. 영수는 '등콧길/등교길'에 문구점에 잠깐 들리었다. …67

095. 바로 '엊ㄱ저께/엊그저께'의 일 같은데 벌써 일 년이 지났다니…. …68

096. 내일 탁구 시합에 너의 상대는 '만만잖은/만만찮은' 실력이 있는 선수이다. …68

097. 자동차 운전이 아직 '익숙치 않다/익숙지 않다.' …69

098. 나는 '약속한대로/약속한 대로' 이행할 뿐이다. …69

099. 그는 개인 병원에서 고용한 '약제사겸 사환/약제사 겸 사환'으로 일해 왔다. …70

100. 그는 물려받은 재산을 도박으로 몽땅 '떨어먹었다/털어먹었다.' …70

101. '까페/카페'에서 차를 마셨다. …71

102. 집 주변을 돌아다니는 '새앙쥐/생쥐'를 잡으려고 덫을 놓았다. …71

103. 영수는 뒷마당에서 장작을 '보개고/뻐개고' 있다. …72

104. 시장 어귀에 제철을 맞은 사과가 '수둑하게/수두룩하게' 쌓여있다. …72

105. 지난 여름에 다친 무릎의 상처가 '짓물렀다/짓물렀다.' …73

106. 구렁이가 '또아리/똬리'를 틀고 있다. …73

107. 그는 노래를 '영판/아주' 잘 부른다. …74

108. 정아는 선생님의 질문에 대하여 하나도 '바치지/빠뜨리지' 않고 다 이야기 했다. …74

109. '닝큼/ 큼' 일어나지 못하겠느냐? …75

110. 낙엽이 '한잎두잎/한잎 두잎' 떨어지는 것을 보니 곧 겨울이 오겠구나! …75

111. 승민이는 잠에서 깰 때마다 '잠투세/잠투정'이 무척 심하다. …76

112. 영수가 들어오니 방안에서 '구린내/쿠린내'가 진동했다. …76

113. '하이델베르그(Heidelberg[haidelbε rk, -bε rc])/하이델베르크' 성은 독일의 대표적인 건축물이다. …77

114. 네가 흘린 과자 '부스럭지/부스러기'를 다 치우거라. …77

115. 할머니는 감자를 캐서 '망태/망태기'에 담았다. …78

116. '막론(莫論)'의 발음 표기는? …78

117. 나는 '지난밤/간밤'에 한숨도 자지 못했다. …79

118. 영수는 '건넌마을/건넛마을'에 사는 희진이와 함께 학교에 간다. …79

119. 혜영이의 몸매는 '호듯하지만/가냘프지만' 운동으로 다져져 강단이 있다. …80

120. 미국에 '간지/간 지' 1년이 되었다. …80

121. 갑자기 쏟아진 비로 겉옷이 '흥건이/흥건히' 젖었다. …80

122. 봄에 호박을 심기 전에 싹을 '티웠다/틔웠다.' …81

123. 그 아이는 음악을 듣자마자 '담박에/단박에' 누구의 목소린지 알았다. …82

124. 아이들은 나를 보자 '수근거리며/수군거리며' 낄낄거렸다. …82

125. 나는 끓어오르는 '부하/부아'를 꾹 참았다. …83

126. 철기는 필요 없는 장난감을 사달라고 '어거지/억지'를 부렸다. …83

127. 봄기운이 담긴 맑은 공기를 '흠신/흠씬' 들이마셨다. …83

128. 태영이는 음료수를 벌컥벌컥 마신 뒤에 캔을 '쭈글어트리더니/쭈그러트리더니' 핵 던져 버렸다. …84

129. '녹슬은/녹슨' 삼팔선을 누가 보았나? …85

130. 그는 '지난 주/지난주'에 우연히 길에서 친구를 만났다. …85

131. '알은척/알은체'를 한다. …85

132. 우스갯소리 잘하는 '재담군/재담꾼'이 만담 시간에 익살을 부렸다. …86

133. 혜수는 '가마잡잡한/가무잡잡한' 얼굴이 아주 매력적이다. …86

134. '못하다/못 하다'의 차이는? …87

135. 봄이 되니, '골짜기/골짝'마다 흐르는 시냇물 소리가 아름답다. …87

136. 어디선가 아이들이 '왁짜하게/왁자하게' 떠드는 소리가 들린다. …88

137. 봄이 되니 '꺽꽂이/꺾꽂이' 해 두었던 나무에서 새싹이 돋았다. …88

138. 어제 본 영화에서 갑자기 귀신이 나오는 바람에 얼마나 '놀랐든지/놀랐던지' 몰라! …89

139. 촛불을 '키셨나요./켜셨나요.' …89

140. 감기로 며칠을 앓더니 '꼬창이/꼬챙이'처럼 말랐구나! …90

141. 비 '개인/갠' 뒤에 하늘이 맑다. …90

142. 누룽지가 밥솥 바닥에 '눌러붙어/눌어붙어' 떨어지지 않는다. …90

143. 그는 하는 일 없이 '놈팽이/놈팡이'처럼 빈둥거리며 돌아다녔다. …91

144. 체구가 작다고 그를 '수이/쉬이' 보았다가는 큰코다친다. …91

145. 날씨가 맑으니 강을 너머 산까지 '훤이/훤히' 보이는구나! …92.

146. '조기국/조깃국'을 끓일 때는 미나리를 함께 넣는 것이 맛있다. …93

147. 아이들이 '기뜩/기특'하게도 청소를 말끔히 해 놓았다. …93

148. '나즉한/나직한' 그의 목소리가 듣기 좋았다. …94

149. 몸이 착 '까부러/까부라'져서 일어날 수가 없구나. …94
150. 그녀는 오늘따라 무척 '아름다워/아름다와' 보인다. …95
151. 산에 가서 '옷이/옻이' 올라 얼굴에 발진이 생겼다. …95
152. 'setback[setbæk]'의 표기는? …96
153. 동생에게 팔을 '꼬잡혀/꼬집혀' 멍이 들었다. …96
154. 어머니께 용돈을 더 많이 '달래/달라'다가 혼만 났다. …97
155. 네가 준 사탕은 너무 '다달하더라/달달하더라/달콤하더라.' …97
156. 이번 일로 민호는 '무경우한/무경위한' 사람임을 알게 되었다. …98
157. 이번 세계 양궁 선수권 대회도 우리 선수들이 '독장칠/독판칠' 것이 확실하다. …98
158. 붉은 장미가 흐드러지게 '피어서/피여서' 아름다운 경치를 이뤘다. …99
159. 장맛비에 무너진 다리를 고치면서 '곁다리/곁다리'로 집도 손보았다. …99
160. 이 바지는 '기장이/길이가' 길어서 줄여 입어야 한다. …100
161. 사람들로 '복다기는/복대기는' 계곡으로 피서를 떠났다. …101
162. 머리를 감는 것을 싫어하는 동생 머리에 '소딱지/쇠딱지'가 앉았다. …101
163. 문 앞에 늘여져 있는 줄이 '갈가치는/가치작대는' 바람에 넘어져 무릎을 다쳤다. …102
164. 아이가 장난감을 '흐쳐/흩혀' 놓고 놀고 있어서 방 안이 엉망이었다. …102
165. 직장에서의 존경법에 대하여 알고 싶어요? …103
166. 친구는 '재떨이/재털이' 담뱃재를 털었다. …105
167. 시원한 여름에는 차가운 물로 하는 '등목/목물'이 최고다. …105
168. 그는 화가 단단히 난 듯 물건들을 '드놓으며/들놓으며' 씩씩거렸다. …106
169. 시간이 지날수록 경기는 더욱 '가열찬/가열한' 양상을 띠었다. …106
170. 국경일을 맞이하여 '집집 마다/집집마다' 태극기를 걸었다. …107
171. 들판에는 추수 때가 지나 '고스라진/고스러진' 벼들이 가득하다. …107
172. 민수가 '반장이' 되었다. …108
173. 돈 좀 있다고 사람을 '괄세하면/괄시하면' 되겠니? …108
174. 우리 집 '담벽/담벼락'에 포스터를 붙이지 못하도록 하였다. …109
175. 나뭇잎이 '황녹색/황록색'으로 변하더니 점점 단풍잎으로 변하였다. …110
176. '이른바' 윗사람들부터 각성해야 한다.
     나는 어머니께서 '이른 바'를 잘 알고 있다. …110
177. 시간이 모자라 시험지에 답을 '날려썼다/갈겨썼다.' …111

178. '이외에/에'에 대하여 알려 주세요*?* ···*111*

179. 민속놀이 '강강술래/강강수월래'를 알고 있나요*?* ···*112*

180. 그의 '내리떠/내립떠'보는 눈초리가 무척이나 신경에 거슬렸다. ···*112*

181. 혜영이는 옆구리를 '간질르면/간질이면'바로 웃을 거야. ···*113*

182. 겨울철 '먹거리/먹을거리'로 군고구마가 인기다. ···*114*

183. 얼마나 급했던지 옷도 '까꿀로/가꾸로'입고 나왔어. ···*114*

184. 엄마는 우는 아이의 등을 '다둑거려/다독거려'주었다. ···*115*

185. '깍두기/깍둑이'의 올바른 표현은*?* ···*115*

186. '피납/피랍'당시 숨진 승객들의 유해가 본국으로 송환될 전망이다. ···*116*

187. 우리 언니는 "'부자집/부잣집'맏며느릿감이다."라는 말을 자주 듣는다. ···*116*

188. 기용이는 '허위대/허우대'좋고 인물도 잘생겼지만 힘은 약한 편이다. ···*117*

189. 어머니는 사과 장수에게 '그 중에/그중에'좋은 것으로 몇 개 샀다. ···*118*

190. 우리 동네에는 '슈퍼마켓/수퍼마켓'이 있다. ···*118*

191. '삼수갑산/산수갑산'은 무엇이 올바른가요*?* ···*119*

192. '말씨[말ː씨]/[말씨]'로 보아서는 충청도 사람이 분명하다. ···*120*

193. 나는 그에게 다시는 거짓말을 하지 말라고 '나무랬다/나무랐다.'···*120*

194. 수진이는 웃을 때마다 '뻗으렁니/뻐드렁니'가 보인다. ···*121*

195. 황사로 인해 공기가 '깨끗찮다/깨끗잖다.'···*122*

196. '사돈/사둔'에서 올바른 것은*?* ···*122*

197. 뜨거운 햇볕 아래 고추가 '불거지다/붉어지다.'···*123*

198. 민우는 과학 분야에서는 '신출내기/신출나기'였다. ···*124*

199. 내 육감은 잘 '맞는[맏는]/[만는]'편이다. ···*124*

200. 우리는 골목에서 오랜 '헤매임/헤맴'끝에 친구의 집을 찾았다. ···*125*

201. 여행 중에 작은 호텔에 며칠 '머물었다/머물렀다.'···*125*

202. 우리 반 아이들은 모두 '인디안/인디언'복장에 찬성하였다. ···*126*

203. 안주 '일체/일절'의 차이점은*?* ···*126*

204. 선비는 '으례/으레'가난하려니 하고 살아왔다. ···*127*

205. 동훈이는 떡 중에 '흰무리[흰무리]/[힌무리]'를 제일 좋아한다. ···*127*

206. 연극은 관객을 '웃기기[ː끼기]/[ː끼기]'도 하고 울리기도 했다. ···*128*

207. '독도(Dok-do)/(Dokdo)'는 대한민국 영토입니다. ···*129*

208. 뜨거운 눈물을 '겉잡기/걷잡기' 어려웠다. …129
209. 가을 분위기에 어울리는 '베갯잇[베갠닙]/[베갠닏]'을 사고 싶다. …130
210. 시댁에서 처음 맞는 명절에 마음을 '조렸다/졸였다.' …130
211. 어머니는 바쁘셔서 그런지 '빈자떡/빈대떡' 뒤집는 것도 잊으셨다. …131
212. 갓난아이는 '배냇저고리/깃저고리'를 입힌다. …131
213. 어떤 사람이 우리집 유리창을 '부시고/부수고' 도망갔다. …132
214. 감이 덜 익어 '떫다[떱따]/[떨따].' …132
215. '하루밤/하룻밤' 사이에 눈이 소복이 쌓였다. …133
216. 빵이 있었는데, '어디갔지/어디 갔지'의 띄어쓰기는? …133
217. 심판은 경기 시작을 알리는 '휘이슬/휘슬(whistle)'을 힘껏 불었다. …134
218. 원룸/인라인/온라인/아울렛의 발음은? …135
219. '레포트/리포트'를 15일까지 가지고 오라고 하셨다. …135
220. '물고기, 불고기'의 발음은? …135
221. '우리 아버님은 '살래야/가려야' 갈 수 없는 고향을 바라만 보고 계신다. …136
222. 유럽을 '한 달 간/한 달간' 여행을 하였다. …136
223. '우리 같이/우리같이' 갈까? …137
224. 김치거리/김칫거리 …137
225. '꽃이'의 발음 표기는? …138
226. 뒤에 오는 차가 '끼어들기/끼여들기'를 하였다. …138
227. 저수지의 환경을 '낚시꾼/낚싯꾼'들이 오염시킨다. …138
228. 조개 '껍질/껍데기'를 모았다. …139
229. '넋과'의 발음은? …139
230. 강아지는 음식을 '넬죽/넙죽' 받아먹었다. …140
231. '넓죽하다'의 발음은? …140
232. 근수는 수민이를 '꼬셨다/꾀였다.' …141
233. '닭개장/닭계장'은 무엇이 올바른가? …141
234. 친구는 '삐까뻔쩍'한 차를 타고 학교에 왔다. …142
235. '개꽁지/개꼬리'의 털이 모두 빠졌다. …142
236. 사과를 '먹던지/먹든지' 해라 …143
237. '돼/되'의 차이점은? …143

238. 시험 시간을 30분 '늘이다/늘리다.' …144
239. 그 영산홍은 '너무' 예쁘게 피었다. …145
240. 우리들이 자주 먹는 '누네띠네'를 아시나요? …145
241. 공부를 열심히 '함으로서/하므로써' 결과 좋다. …146
242. 그 사람은 '외누리'이 없이 장사를 한다. …146
243. '에게/한테'는 어떻게 다른가요? …147
244. '이래 뵈도/이래 봬도'는 무엇이 바른가요? …147
245. '비곗덩어리/비계덩어리'는 어떤 것이 올바른가요? …148
246. '그 뿐만/그뿐만' 아니라. …148
247. '중'의 띄어쓰기는? …148
248. '한 달/한달'의 띄어쓰기는? …149
249. '09년 3월 7일/09. 3. 7.'에 대하여 알려주세요? …149
250. '발달/발전/향상/진보'에 대하여 알고 싶어요? …149
251. 개발 기간을 '거쳐서/걸쳐서'에 대하여 알려주세요? …150
252. '거치다/걷히다'의 차이점은? …150
253. '고임새/굄새'는 무엇이 올바른가요? …151
254. '교육하다/교육시키다'의 차이점은? …151
255. '부고'쓰는 법을 알고 싶어요? …152
256. '편지봉투' 쓰는 법을 알고 싶어요? …153
257. '문상(問喪)'갈 때의 예절은? …153
258. 자신을 남에게 소개할 때는 어떻게 하나요? …154
259. '너머/넘어'의 차이점은? …155
260. '새해 인사' 예절에 대하여 알고 싶어요? …155
261. '축하와 위로'의 인사말에 대하여 알고 싶어요? …156
262. '봉투 및 단자'의 인사말에 대하여 알고 싶어요? …157
263. 직장에서의 '공손법'에 대하여 알려주세요? …159
264. 가정에서의 호칭어와 지칭어에 대하여 알고 싶어요? …160
265. 교수님에 대한 예절에 대하여 알려주세요? …169
266. 친구 간의 예절에 대하여 알고 싶어요? …170
267. '강의실' 예절에 대한 질문입니다. …171
268. '세미나실'에서 예절에 대하여 알고 싶어요? …173

제1부 표준어 사정 원칙 ⋯ 177
  제1장 총칙 ⋯ 177
  제2장 발음 변화에 따른 표준어 규정 ⋯ 177
  제3장 어휘 선택의 변화에 따른 표준어 규정 ⋯ 192
제2부 표준 발음법 ⋯ 207
  제1장 총칙 ⋯ 207
  제2장 자음과 모음 ⋯ 207
  제3장 소리의 길이 ⋯ 209
  제4장 받침의 발음 ⋯ 210
  제5장 소리의 동화 ⋯ 215
  제6장 된소리되기 ⋯ 217
  제7장 소리의 첨가 ⋯ 220

세계화 시대에
한국어 한국인이 모른다

세계화 시대에
한국어 한국인이 모른다

001
오늘 약속을 '잃어버렸다/잊어버렸다.'

우리는 습관처럼 '약속을 잃어버렸다.'고 말을 한다. 하지만 '잃어버렸다'는 '잃다'의 의미로 '가졌던 물건이 없어져 그것을 갖지 아니하게 되다. 또는 땅이나 자리가 없어져 그것을 갖지 못하게 되거나 거기에서 살지 못하게 되다.' 등으로 쓰인다.

'잊어버렸다'는 '잊다'의 의미로 '한 번 알았던 것을 기억하지 못하거나 기억해 내지 못하다. 또는 기억해 두어야 할 것을 한순간 미처 생각하여 내지 못하다.' 등으로 쓰인다. 즉, '오늘 약속을 잊어버렸다.'라고 해야 올바른 표현이다.

002
아이가 얼마나 밥을 많이 '먹든지/먹던지' 배탈 날까 걱정 되었다.

당시의 상황을 회상하면서 말할 때 쓰는 표현은 '-든지'가 아니라 '-던지'로 고쳐 써야 한다. 표준어규정 제17항은 '비슷한 발음의 몇 형태가 쓰일 경우, 그 의미에 아무런 차이가 없고, 그중 하나가 더 널리

쓰이면, 그 한 형태만을 표준어로 삼는다.'고 규정하고 '-던지'를 표준
어 정하였다.

  '-던지'는 '이다'의 어간, 용언의 어간 또는 어미 '-으시', '-었-', '-
겠-' 뒤에 붙어, 막연한 의문이 있는 채로 그것을 뒤 절의 사실이나
판단과 관련시키는 데 쓰는 연결 어미이다.

  '-든지'는 '이다'의 어간, 용언의 어간 또는 어미 '-으시-', '-었-',
'-겠-' 뒤에 붙어 나열된 동작이나 상태, 대상들 중에서 어느 것이든
선택될 수 있음을 나타내는 연결 어미이다. '집에 가든지 학교에 가든
지 해라.'나 '계속 가든지 여기서 있다가 굶어 죽든지 네가 결정해라.'
와 같이 활용된다.

003
'닳는'의 발음에 대하여 궁금합니다.

  '닳는'은 [달른]으로 발음한다. 표준어규정 2장에 있는 표준발음법
에는 'ㅎ'의 발음에 대해 다음과 같이 규정하고 있나.
  제12항 받침 'ㅎ'의 발음은 다음과 같다.

1. 'ㅎ(ㄶ, ㅀ)' 뒤에 'ㄱ, ㄷ, ㅈ'이 결합되는 경우에는, 뒤 음절 첫소
  리와 합쳐서 [ㅋ, ㅌ, ㅊ]으로 발음한다.
  '놓고[노코], 좋던[조 : 턴], 쌓지[싸치], 많고[만 : 코], 않던[안턴],
  닳지[달치]'

  〔붙임 1〕 받침 'ㄱ(ㄹㄱ), ㄷ, ㅂ(ㄹㅂ), ㅈ(ㄹㅈ)'이 뒤 음절 첫소리 'ㅎ'
  과 결합되는 경우에도, 역시 두 음을 합쳐서 [ㅋ, ㅌ, ㅍ, ㅊ]으로
  발음한다.
  '각하[가카], 먹히다[머키다], 밝히다[발키다], 맏형[마텽], 좁히다
  [조피다], 넓히다[널피다], 꽂히다[꼬치다], 앉히다[안치다]'

〔붙임 2〕 규정에 따라 'ㄷ'으로 발음되는 'ㅅ, ㅈ, ㅊ, ㅌ'의 경우에
도 이에 준한다.

'옷 한 벌[오탄벌], 낮 한때[나탄때], 꽃 한 송이[꼬탄송이], 숱하다
[수타다]'

2. 'ㅎ(ㄶ, ㅀ)' 뒤에 'ㅅ'이 결합되는 경우에는, 'ㅅ'을 [ㅆ]으로 발음
한다.

'닿소[다쏘] ,많소[만 : 쏘], 싫소[실쏘]'

3. 'ㅎ' 뒤에 'ㄴ'이 결합되는 경우에는, [ㄴ]으로 발음한다.

'놓는[논는], 쌓네[싼네]'

〔붙임〕 'ㄶ, ㅀ' 뒤에 'ㄴ'이 결합되는 경우에는, 'ㅎ'을 발음하지 않
는다.

않네[안네], 않는[안는], 뚫네[뚤네→뚤레], 뚫는[뚤는→뚤른]

* '뚫네[뚤네→뚤레], 뚫는[뚤는→뚤른]'에 대해서는 제20항 참조.

4. 'ㅎ(ㄶ, ㅀ)' 뒤에 모음으로 시작된 어미나 접미사가 결합되는 경우
에는, 'ㅎ'을 발음하지 않는다.

'낳은[나은], 놓아[노아], 쌓이다[싸이다], 많아[마 : 나], 않은[아는],
닳아[다라], 싫어도[시러도]'

004
'모를까 봐/모를까봐' 어떻게 써야 할까요?

'모를까 봐'는 '모르-' 어간에 '-ㄹ까' 종결어미, 그리고 '보아'의 준
말인 '봐'가 쓰인 것이다.

'-ㄹ까'는 첫째, '이다'의 어간, 받침 없는 용언의 어간, 'ㄹ' 받침인
용언의 어간 또는 어미 '-으시-' 뒤에 붙어 해할 자리에 쓰어, 현재

정해지지 않은 일에 대한 물음이나 추측을 나타내는 종결 어미이다. 둘째, 주로 '-ㄹ까 하다', '-ㄹ까 싶다', '-ㄹ까 보다' 구성으로 쓰여 해할 자리에 쓰여, 현재 정해지지 않은 일에 대하여 자기나 상대편의 의사를 묻는 종결 어미이다. '봐'는 한글맞춤법 제35항 "모음 'ㅗ, ㅜ'로 끝난 어간에 '-아/-어, -았-/-었-'이 어울려 'ㅘ/ㅝ, ㅘㅆ/ㅝ ㅆ'으로 될 적에는 준대로 적는다."라는 규정에 의거해 '보아'가 '봐'라는 준말로 쓰인 것이다.

따라서 '모를까 봐'는 'ㄹ까'가 어미이며, '봐'는 그 뒤에 쓰인 동사이기 때문에 띄어 쓰는 것이 올바른 표현이다.

005
영희는 '찰진/차진' 밥을 좋아한다.

'차진 밥'으로 써야 올바른 표현이다. 한글맞춤법 28항은 "끝소리가 'ㄹ'인 말과 딴 말이 어울릴 적에 'ㄹ' 소리가 나지 아니하는 것은 아니 나는 대로 적는다."라고 규정하였다.

예를 들면, '반죽이나 밥 따위가 끈기가 많다.'라는 뜻으로 자주 쓰는 '찰지다'라는 말은 '차지다'로 쓰는 것이 올바른 표현이다. '차지다'는 접사 '찰'에 동사 '-지다'가 붙어서 된 말로, 이때 'ㄹ'이 탈락하기 때문에 '차지다'로 써야 한다. '찰지다'는 현재 경상도와 전라남도 지역 방언으로 사용되고 있지만 표준어로 인정하지 않는다.

'ㄹ'은 대체로 'ㄴ, ㄷ, ㅅ, ㅈ' 앞에서 탈락하는데, '나날이(날날이)', '무논(물논)', '미닫이(밀닫이)' 등이 그 예이다. 그리고 한자 '불(不)'이 첫소리 'ㄷ, ㅈ' 앞에서 '부'로 읽히는 단어의 경우도 'ㄹ'이 떨어진 대로 적어야 한다. 예로는 '부단(不斷)', '부당(不當)', '부득이(不得已)' 등을 들 수 있다.

006
입맛을 '돋궈/돋워' 드리겠어요.

'입맛을 돋궈 드리겠어요.'에서의 '돋궈'는 잘못된 표현이다. '돋궈'는 '안경의 도수 따위를 더 높게 하다.'의 의미를 지닌 말로 바르지 못한 표현이다. 따라서 이 경우에는 '입맛이 당기다'의 의미인 '돋다'의 사동형 '돋워'를 써야 올바른 표현이 된다. '돋우다'는 '위로 끌어 올려 도드라지거나 높아지게 하다.', '밑을 괴거나 쌓아 올려 도드라지거나 높아지게 하다.'라는 뜻이다.

007
아기가 희고 예쁜 두 손을 물속에서 '고몰거리고/고물거리고' 있었다.

아기들이 태어나 자신의 힘으로 어떤 행동들을 하기까지를 바라보는 것은 무척 흥미롭고 신기한 일일 것이다. 특히 아기들이 손을 가만히 움직이는 모습을 보고 귀엽다고 표현하는 말로 '손을 고몰거리는 것이 예쁘다.'라고 표현한다.

표준어규정 8항은 양성 모음이 음성 모음으로 바뀌어 굳어진 단어는 음성 모음 형태를 표준어로 삼도록 규정하고 있다. 따라서 '고몰거리다'를 버리고 '고물거리다'를 표준어로 삼는다.

국어는 모음조화가 있는 것을 특징으로 하는 언어다. 모음조화는 두 음절 이상의 단어에서, 'ㅏ', 'ㅗ' 따위의 양성 모음은 양성 모음끼리, 'ㅓ', 'ㅜ' 따위의 음성 모음은 음성 모음끼리 어울리는 현상이다. 이 같은 모음조화는 후세로 오면서 많이 무너져 현재는 약해진 모습을 보인다. 따라서 모음조화에 얽매였던 것을 현실발음을 인정하여 표준어로 규정한 것이다. 모음조화의 예로는 '알록달록', '얼룩덜룩' 등이 있다.

008
할머니는 요즘 감기로 '낯색/낯빛'이 어두우시다.

　겨울철 가장 쉽게 걸릴 수 있는 질병 가운데 하나로 감기를 들 수 있다. 특히 할머니, 할아버지들은 체력이 약하기 때문에 조그마한 병에도 얼굴빛이 변하는 것을 볼 수 있다. 이 때, 얼굴의 빛깔이나 기색을 나타내는 말로 '낯색이 어둡다.'라고 표현하는데, '낯빛'으로 쓰는 것이 올바른 표현이다.

　표준어규정 21항은 "고유어 계열의 단어가 널리 쓰이고 그에 대응되는 한자어 계열의 단어가 용도를 잃게 된 것은, 고유어 계열의 단어만을 표준어로 삼는다."라고 규정하고 있다. 이는 고유어 계열의 단어가 한자어 보다 우리의 생활에서 더욱 자연스럽게 사용된 결과라고 할 수 있다. 이에 따라 한자어인 '낯색'보다는 고유어인 '낯빛'을 널리 쓰도록 규정한 것이다. 예로는 '건빨래', '식소라' 등을 '마른 빨래', '밥소라' 등으로 쓰는 것이 올바른 표현이다.

009
'숫나사/수나사'로 된 끝은 손잡이를 돌릴 때마다 소리가 났다.

　무거운 두 물체를 죄거나 붙이는데 쓰는, 육각이나 사각의 머리를 가진 나사를 '볼트'라고 하며, 볼트에 끼워서 기계 부품 따위를 고정하는 데에 쓰는 공구를 '너트'라고 한다. '볼트'와 '너트'를 한국어로 표현할 경우 '숫나사, 암나사'로 표현하는데 올바르지 못한 표현이다.

　표준어 규정 제7항 "수컷을 이르는 접두사는 '수-'로 통일한다."라고 규정하였다. 이에 따라서 '숫나사'는 '수나사'로 올바르게 표현해야 한다. 다만, "다음 단어에서는 접두사 다음에서 나는 거센소리를 인정한다. 접두사 '암-'이 결합되는 경우에도 이에 준한다."라고 규정하여

'수캉아지, 수캐, 수컷, 수키와, 수탉, 수탕나귀, 수톨쩌귀, 수퇘지, 수평아리'는 거센소리가 나는 표현이 올바른 표현이다. 그리고 '다만2'에서 "다음 단어의 접두사는 '숫'으로 한다."라고 규정하여 '숫양, 숫염소, 숫쥐'만을 '숫'으로 표현한다고 규정하였다. 수컷을 이르는 접두사 '수-'는 '수꿩', '수나사', '수놈', '수사돈' 등이 있다.

010
'비오듯하다/비 오듯하다.'는 어떻게 써야 하는가?

'비오듯하다.'는 '비 오듯 하다.'라고 띄어 써야 올바른 표현이다. '비'는 조사가 생략이 된 것이다. '오듯하다'는 '오다'의 어간 '오-'와 '이다'의 어간, 용언의 어간 또는 어미 '-으시-', '-었-', '-겠-' 뒤에 붙어 뒤 절의 내용이 앞 절의 내용과 거의 같음을 나타내는 연결 어미인 '-듯', 일부 명사, 부사, 의존 명사 혹은 어간에 붙어서 서술하는 기능을 하는 '-하다' 동사가 결합한 것으로 선행하는 어휘에 붙여 쓴다.

011
그는 넘어지고도 '오뚝이/오뚜기'처럼 벌떡 일어났다.

'오뚝이'는 '밑을 무겁게 하여 아무렇게나 굴려도 오뚝오뚝 일어서는 어린아이들의 장난감'을 일컬으며, '부도옹(不倒翁)'이라고도 한다.
한글 맞춤법 제23항에 "'-하다'나 '-거리다'가 붙는 어근에 '-이'가 붙어서 명사가 된 것은 그 원형을 밝히어 적는다."라고 규정되어 있으며, 붙임에 "'-하다'나 '-거리다'가 붙을 수 없는 어근에 '-이'나 또는 다른 모음으로 시작되는 접미사가 붙어서 명사가 된 것은 그 원형을 밝혀 적지 아니한다."라고 규정되어 있다. 그러므로 '오뚝이'라고 써야 올바른 표현이다.

012
화장실에 가려면 '윗층/위층'으로 올라가시면 됩니다.

요즘의 건물을 짓는 형태를 보면 단층 형태가 드물 정도로 그 높이가 점점 높아지는 것을 볼 수 있다. 이런 건물에서 흔히 '이층 또는 여러 층 가운데 위쪽의 층'을 일컫는 말로 '윗층'이라는 말을 자주 쓰는데 '위층'으로 써야 올바른 표현이다. 그런데 다만 "'된소리나 거센소리 앞에서는 '-위'로 한다."라고 했다. 따라서 '윗층'은 거센소리 'ㅊ' 앞에서 나는 소리이므로 '위층'으로 쓰는 것이 올바른 표현이다.

'다만2'는 "'아래, 위'의 대립이 없는 단어는 '웃-'으로 발음되는 형태를 표준어로 삼는다."라고 규정하고 '웃돈', '웃비', '웃어른' 등의 예를 보여주고 있다.

이와 같이 '웃'으로 표기되는 단어를 최대한 줄이고, '윗'으로 통일함으로써 '웃'과 '윗'의 혼란이 한결 줄어든 모습을 볼 수 있다.

013
반점(,)은 어떻게 씁니까?

문장 부호에서 반점은 문장 안에서 짧은 휴지(休止)를 나타낼 때 사용한다. 한글 맞춤법에는 다음과 같은 경우 반점을 사용한다.

(1) 같은 자격의 어구가 열거될 때에 쓴다.

근면, 검소, 협동은 우리 겨레의 미덕이다.

충청도의 계룡산, 전라도의 내장산, 강원도의 설악산은 모두 국립 공원이다.

다만, 조사로 연결될 적에는 쓰지 않는다.

매화와 난초와 국화와 대나무를 사군자라고 한다.

(2) 짝을 지어 구별할 필요가 있을 때에 쓴다.

닭과 지네, 개와 고양이는 상극이다.

(3) 바로 다음의 말을 꾸미지 않을 때에 쓴다.

슬픈 사연을 간직한, 경주 불국사의 무영탑.

성질 급한, 철수의 누이동생이 화를 내었다.

(4) 대등하거나 종속적인 절이 이어질 때에 절 사이에 쓴다.

콩 심으면 콩 나고, 팥 심으면 팥 난다.

흰 눈이 내리니, 경치가 더욱 아름답다.

(5) 부르는 말이나 대답하는 말 뒤에 쓴다.

애야, 이리 오너라.

예, 지금 가겠습니다.

(6) 제시어 다음에 쓴다.

빵, 이것이 인생의 전부이더냐?

용기, 이것이야말로 무엇과도 바꿀 수 없는 젊은이의 자산이다.

(7) 도치된 문장에 쓴다.

이리 오세요, 어머님.

다시 보자, 한강수야.

(8) 가벼운 감탄을 나타내는 말 뒤에 쓴다.

아, 깜빡 잊었구나.

(9) 문장 첫머리의 접속이나 연결을 나타내는 말 다음에 쓴다.

첫째, 몸이 튼튼해야 된다.

아무튼, 나는 집에 돌아가겠다.

다만, 일반적으로 쓰이는 접속어(그러나, 그러므로, 그리고, 그런데 등) 뒤에는 쓰지 않음을 원칙으로 한다.

그러나 너는 실망할 필요가 없다.

(10) 문장 중간에 끼어든 구절 앞뒤에 쓴다.

나는 솔직히 말하면, 그 말이 별로 탐탁하지 않소.

철수는 미소를 띠고, 속으로는 화가 치밀었지만, 그들을 맞았다.

(11) 되풀이를 피하기 위하여 한 부분을 줄일 때에 쓴다.

여름에는 바다에서, 겨울에는 산에서 휴가를 즐겼다.

(12) 문맥상 끊어 읽어야 할 곳에 쓴다.

갑돌이가 울면서, 떠나는 갑순이를 배웅했다.

철수가, 내가 제일 좋아하는 친구이다.

남을 괴롭히는 사람들은, 만약 그들이 다른 사람에게 괴롭힘을 당해 본다면, 남을 괴롭히는 일이 얼마나 나쁜 일인지 깨달을 것이다.

(13) 숫자를 나열할 때에 쓴다.

1, 2, 3, 4

(14) 수의 폭이나 개략의 수를 나타낼 때에 쓴다.

5, 6세기   6, 7개

(15) 수의 자릿점을 나타낼 때에 쓴다.

014
동이 트기도 전 '어스름/어스름한' 새벽길…

'어스름'은 '조금 어둑한 상태 또는 그런 때'를 일컬으며, '어스름←어슬-+-음'의 변천과정을 거쳤다.

'동이 트기도 전 어스름 새벽길'은 서술어가 없어 올바르지 못한 표현이다. 문장의 서술어 '하다'를 '어스름'에 붙여 써야 한다. '어스름'의 뒤에 '새벽길'이라는 명사가 와 있기 때문에 '하다' 동사를 명사를 수식하는 관형사로 만들어야 하기 때문에 '하다'의 어간 '하-'에 관형사형 어미 'ㄴ'을 넣어 '어스름한'으로 바꾸어야 한다. 따라서 '동이 트기도 전 어스름한 새벽길'로 바꾸어야 올바른 표현이다.

015
시골로 내려가신 할머니는 '평안이/평안히' 잘 계신다.

할머니, 할아버지에 대하여 항상 건강을 기원하고 편안하게 사시길 바라는 마음은 누구나 같을 것이다. 이처럼 '걱정이나 탈이 없거나 또는 무사히 잘 있음'을 나타낼 때 쓰는 말로 '평안이 지내다.'라는 표현을 쓴다. 그러나 '평안히'로 쓰는 것이 올바른 표현이다.

한글맞춤법 54항은 "51항에서는 부사의 끝 음절이 분명히 '-이'로 나는 것은 '-이'로 적고, '히'로만 나거나 '이'나 '히'로 나는 것은 '-히'로 적는다."고 규정하고 있다.

'-하다'가 붙는 어근의 끝소리가 'ㅅ'인 경우, 'ㅂ' 불규칙 용언의 어간 뒤, '-하다'가 붙지 않는 용언 어간 뒤, 첩어 또는 준첩어인 명사 뒤, 부사 뒤의 경우에는 '이'로 쓰도록 규정하고 있고 이 외에는 모두 '히'로 적는 것이 올바른 표현이다.

016
철수는 국에서 '건데기/건더기'를 다 건져내고 국물만 먹었다.

편식을 하는 아이들은 종종 국에 자신이 싫어하는 재료가 들어가면 국물만을 먹는 경우가 있다. 이때, "건더기까지 다 먹어라."라는 충고를 들을 수 있는데, '건더기'로 쓰는 것이 올바른 표현이다.

표준어규정 9항은 "'ㅣ' 역행동화 현상에 의한 발음은 원칙적으로 표준 발음으로 인정하지 않는다."라고 규정하고 있다. 이는 주의해서 발음하면 얼마든지 올바르게 말할 수 있는 부분이며, 워낙 이러한 동화현상이 흔하게 일어나기 때문에 혼란을 우려해 표준어로 인정하지 않은 것이다.

017
상사나 동료들을 만날 때마다 인사를 해야 할까요?

예절은 어디에서나 중요한 문제이다. 특히 회사에 취직을 한 경우에 예절은 무엇보다도 중요하다고 할 수 있다. '상사나 동료들'과 만날 때마다 인사하는 것이 좋다. 통상적으로 회사에서 상사나 동료를 처음 만날 때에는 반갑게 그리고 정중하면서도 명랑하게 인사를 하는 것이 중요하다. 하지만 다시 만났을 경우에는 가벼운 목례와 함께 밝은 표정 정도이면 문제가 없을 것이다.

018
'안', '못' 부정법에 대하여 알려 주세요?

'안' 부정법은 '주체의 의지에 의한 행동'의 부정이다. 부정의 방법은 서술어가 명사일 때에는 '-가/-이 아니다'이며, 동사·형용사일 경우에는 동사·형용사의 어간에 '-지 않다(아니하다)' 또는 '인(아니)'에 동사·형용사를 쓰면 된다. '안' 부정문은 체언에 '하다'로 된 동사가 서술어로 쓰일 때는 '체언+안+하다'의 형태로 쓰이고, 서술어인 용언이 합성어·파생어이면 대체로 짧은 부정문보다 긴 부정문이 어울린다.

'못' 부정문은 주체의 의지가 아닌, 그의 능력상 불가능하거나 또는 외부의 어떤 원인 때문에 그 행위가 일어나지 못하는 경우를 표현할 때에 사용한다. 긴 부정문의 경우 동사의 어간에 '-지'+'못하다'의 형태이며, 짧은 부정문은 '못'+동사(서술어)의 형태로 사용한다. '못' 부정문은 '체언+하다'로 된 동사가 서술어로 쓰일 때는 '체언+못+하다'의 형태로 쓰인다.

019

정치'-꾼'/정치'-(ㅅ)군'은 무엇이 올바른가요?

'정치꾼'이 올바른 표현이다. 한글맞춤법 제54항에서는 '-꾼'과 '-(ㅅ)군', '-깔'과 '-(ㅅ)갈', '-때기'와 '-(ㅅ)대기', '-꿈치'와 '-(ㅅ)굼치' 중 '-꾼, -깔, -때기, -꿈치' 등으로 적게 되어 있다.

접미사는 된소리로 적는다는 규정이다. 예로는 '낚시꾼, 사기꾼, 소리꾼, 때깔, 빛깔, 성깔, 맛깔, 귀때기, 볼때기, 판자때기, 발꿈치' 등이 있다. 예외로 '-빼기'와 '-(ㅅ)배기'가 혼동될 수 있는 단어는 첫째, [배기]로 발음 되는 경우는 '배기'로 적고(귀퉁배기, 나이배기, 주정배기…), 둘째, 한 형태소 내부에 있어서 'ㄱ, ㅂ' 받침 뒤에 [빼기]로 발음되는 경우는 '배기'로 적으며(뚝배기, 학배기), 셋째, 다른 형태소 뒤에서 [빼기]로 발음되는 것은 모두 '빼기'로 적는다(고들빼기, 대갈빼기, 곱빼기, 억척빼기…).

또한 '-쩍다'와 '-적다'가 혼동될 수 있는 단어는 첫째, [적다]로 발음되는 경우는 '적다'로 적고(괘다리적다, 딴기적다, 열퉁적다), 둘째, '적다(少)'의 뜻이 유지되고 있는 합성어의 경우는 '적다'로 적으며(맛적다), 셋째, '적다(少)'의 뜻이 없이 [쩍다]로 발음되는 경우는 '쩍다'로 적는다(맥쩍다, 멋쩍다, 행망쩍다).

020

암탉 한 마리가 '갤갤/골골'거리며 감도는 걸 보니 근처에 수탉이 있는 모양이다.

동물은 울음소리를 내어 다양한 의사표시를 한다. 특히 닭은 그 울음소리의 종류가 많은데, 암탉이 알을 배기 위해 수탉을 부르는 소리가 따로 있다고 한다. 이러한 소리가 지속적으로 나는 것을 가리키는 말로 '골골거리다'가 있다.

표준어규정 25항은 "의미가 똑같은 형태가 몇 가지 있을 경우, 그 중 어느 하나가 압도적으로 널리 쓰이면, 그 단어만을 표준어로 삼는 다."라고 규정하고 있다. 이에 따라 '갤갤'을 버리고 더욱 널리 쓰이는 표현인 '골골'을 표준어로 삼은 것이다.

다만, '갤갤'이 '늘 앓거나 몸이 불편하여 기운이 없이 빌빌하는 모양'을 나타낼 때는 표준어로 인정하므로 주의해 사용해야 한다.

021
'절 받으세요.'라는 말을 할 수 있나요?

절을 할 경우에 '절 받으세요.', '앉으세요.'라는 인사는 결례이다. '절 받으세요.'라고 말하는 것은 절을 받으실 어른에게 수고를 시키거나 명령하는 것이기 때문이다. 절을 할 경우에는 아무 말을 하지 않고 절을 한 후에 어른이 먼저 덕담을 하면 이에 대한 감사의 뜻으로 아랫사람이 덕담을 드리면 된다. 덕담은 "감사합니다. 복 많이 받으세요." 정도가 적당하다.

022
바람에 문이 열리지 않도록 '도르래/도래'로 빗장을 질러 놓아라.

우리의 전통시대 한옥은 나무로 만들어진 빗장을 달아 문을 잠글 수 있도록 돼 있다. 그러나 바람이 세게 불거나 하여 문이 열릴 때 '도르래'를 사용하여 문이 저절로 열리지 못하도록 하였다.

표준어규정 14항은 "준말이 널리 쓰이고 본말이 잘 쓰이지 않는 경우에는, 준말만을 표준어로 삼는다."라고 규정하고 있다. 이는 실생활에서 거의 쓰이지 않는 본말을 표준어에서 제거하고 준말만을 표준어로 규정한 것이다. '도래'는 '문이 저절로 열리지 못하게 하는 데 쓰는 갸름한 나무 메뚜기'를 가리키는 말로 본말이었던 '도르래'를 버리고 준말인 '도래'만을 표준어로 삼은 것으로 올바르게 써야 한다. 여기서 '메뚜기'는 '책갑이나 활의 팔찌, 탕건 같은 물건에 달아서 그 물건이 벗겨지지 않도록 꽂는 기구'를 일컫는다.

023
퀴즈의 정답을 '맞히다/맞추다'에 대하여 알려 주세요?

'맞추다'는 '서로 떨어져 있는 부분을 제자리에 맞게 대어 붙이다.', '둘 이상의 일정한 대상들을 나란히 놓고 비교하여 살피다.', '서로 어긋남이 없이 조화를 이루다.', '어떤 기준이나 정도에 어긋나지 아니하게 하다.', '어떤 기준에 틀리거나 어긋남이 없이 조정하다.', '일정한 수량이 되게 하다.', '열이나 차례 따위에 똑바르게 하다.', '다른 사람의 의도나 의향 따위에 맞게 행동하다.', '약속 시간 따위를 넘기지 아니하다.', '일정한 규격의 물건을 만들도록 미리 부탁을 하다.', '다른 어떤 대상에 닿게 하다.'의 다양한 뜻이 있다.

'맞히다'는 '맞다'의 사동사로 '맞다'는 '문제에 대한 답이 틀리지 아니하다.', '말, 육감 따위가 틀림이 없다.', '"그렇다' 또는 '옳다'의 뜻을 나타내는 말.", '어떤 대상이 누구의 소유임이 틀림이 없다.', '어떤 대상의 내용, 정체 따위의 무엇임이 틀림이 없다.', '어떤 대상의 맛, 온도, 습도 따위가 적당하다.', '크기, 규격 따위가 다른 것에 합치하다.', '어떤 행동, 의견, 상황 따위가 다른 것과 서로 어긋나지 아니하고 일치하다.', '분위기, 취향 따위가 다른 것에 잘 어울리다.'의 뜻이 있다.

'퀴즈의 답을 맞히다.'가 옳은 표현이고 '퀴즈의 답을 맞추다.'라고 하는 것은 틀린 표현이다. '맞히다'에는 '적중하다'의 의미가 있어서 정답을 골라낸다는 의미를 가지지만 '맞추다'는 '대상끼리 서로 비교

한다.'는 의미를 가져서 '답안지를 정답과 맞추다'와 같은 경우에만 쓴다.

024
'안되다/안 되다'의 차이는 무엇인가요?

'안'은 부사이며, '아니'가 줄어서 된 말이다. 부사는 하나의 품사로 띄어 써야 한다. 그러나 '되다'와 결합하여 '안되다'라는 형용사가 된 경우 '안'은 띄어 쓰지 않는다. '안 되다'는 '아니(부정 부사)+되다(자동사)'로 이루어진 것으로, '되지 않았다'의 의미하고, '안되다'는 '섭섭하거나 가엾어 마음이 언짢다.'라는 뜻을 지닌 형용사이다. 예를 들면, '그것참 안됐군.'이 있다.

025
나에게 그러지 '말아요/마요.'

한글맞춤법 제18항은 '다음과 같은 용언들은 어미가 바뀔 경우, 그 어간이나 어미가 원칙에 벗어나면 벗어나는 대로 적는다.'라고 되어 있다. 다만, "어간 끝 받침 'ㄹ'은 'ㄷ, ㅈ, 아' 앞에서 줄지 않는 것이 원칙인데, 관용상 'ㄹ'이 줄어진 형태가 굳어져 쓰이는 것은 준 대로 적는다."는 것이다. '마지못하다(말지 못하다), 머지않아(멀지 않아), 다마다(다 말다), 지 마(지 말아), 지 마라(지 말아라)' 등이 한 예다.

'그러지 마요'의 '지 마요'는 부정을 나타내는 경우로 '말다'의 어간 '말'에 어미 '아'가 붙어 '마'가 된 다음, 보조사 '요'가 붙은 것이다. '말다'는 어미 '어, 아라'가 붙으면, 받침의 'ㄹ'이 탈락하여 '지 마, 지 마라'가 된다. 따라서 '그러지 마요'가 올바른 표현이다.

026
어머님께서 두부를 손수 '만듬/만듦.'

'만들다'의 명사형으로 '만듬'이 아니라 '만듦'이 올바른 표현이다. 한글맞춤법 제19항을 보면, '어간에 '-이'나 '-음/-ㅁ'이 붙어서 명사로 된 것이나 '-이'나 '-히'가 붙어서 부사로 된 것은 그 어간의 원형을 밝혀 적는다.'고 규정한다.

명사형은 대체로 동사나 형용사의 어간에 어미 '-음'이나 '-ㅁ'을 결합하며 만든다. 즉 어간 '머물-, 살-, 알-, 만들-, 흔들-'에 각각 '-ㅁ'이 결합하면, 어간을 밝혀 적고 결합된 '-ㅁ'은 받침으로 함께 표기하므로 '머묾, 삶, 앎, 만듦, 흔듦' 등이 된다. 따라서 어간이 'ㄹ'로 끝난 동사나 형용사의 명사형은 '-ㅁ'을 붙인 형을 표준으로 삼는다.

027
저 학생은 '하마트면/하마터면' 틀릴 뻔 했어.

'하마터면'이 올바른 표현이다. 한글맞춤법 제40항에서 '어간의 끝 음절 '하'의 'ㅏ'가 줄고 'ㅎ'이 다음 음절의 첫소리와 어울려 거센소리로 될 적에는 거센소리로 적는다.'라고 규정하고 있는 예는 '간편하게 ->간편케, 다정하다->다정타, 연구하도록->연구토록' 등이 있다. 붙임1은 "'ㅎ'이 어간의 끝소리로 굳어진 것은 받침으로 적는다."의 예는 '않다, 않고, 않지, 않든지/그렇다, 그렇고, 그렇지, 그렇든지' 등이 있다. 붙임2는 '어간의 끝 음절 '하'가 아주 줄 적에는 준 대로 적는다.'의 예는 '거북하지->거북지, 넉넉하지 않다->넉넉지 않다, 생각하건대->생각건대' 등이 있다. 붙임3은 '다음과 같은 부사는 소리대로 적는다.'라고 규정하고 있는데, 예로는 '하마터면, 결단코, 기필코, 무심코, 아무튼, 하여튼' 등도 있다.

028
책상 위에 있는 '찻잔/차잔'을 가지고 왔으면 좋겠다.

'차'는 한자어 '茶'로 인식을 하고 있으나 '차'는 고유어이다. '차'와 '잔'이 결합할 때 사이시옷이 들어가는 것으로 '찻방, 찻상, 찻장, 찻주전자' 등이 있다. '茶盞'로 쓰지만 '찻잔'이 바른 표현이며, 북한에서는 '차잔'으로 사용되고 있다.

예외로 적용되는 것을 보면 다음과 같다.

첫째, 사이시옷을 사용하지 않는 경우

1) 앞 단어의 끝이 폐쇄되지 않을 때

개구멍, 배다리, 새집, 머리말, 머리맡, 머리그물, 머리시(序詩), 머리소리, 머리새

2) 뒤 단어의 첫소리가 된소리나 거센소리일 때

머리띠, 머리꼬리, 머리끄덩이, 머리끝, 머리빼기, 머리뼈, 머리카락, 머리칼, 머리채, 머리치장, 머리털, 머리통

둘째, 사이시옷을 사용하는 경우

1) 앞 단어의 끝이 폐쇄될 때

머릿골, 머릿그림, 머릿글자, 머릿방, 머릿기름, 머릿살, 머릿장

2) 뒷말의 첫소리 'ㄴ, ㅁ'앞에서 'ㄴ'이 첨가될 때

머릿내(머린내), 머릿밑(머린민), 머릿니(머린니)

029
옆 사람에게 기대시면 '되요/돼요'

한글맞춤법 제35항에서 "모음 'ㅗ, ㅜ'로 끝난 어간에 '-아/어, -았-/-었-'이 어울려 'ㅘ/ㅝ', 'ㅘㅆ, ㅝㅆ'으로 될 적에는 준대로 적는다."라는 규정이다. 예로는 '꼬아->꽈, 꼬았다->꽜다, 쏘아->쏴, 쏘았다

->쐈다' 등이다. 붙임2에서 "'ㅚ' 뒤에 '-어, -었-'이 어울려 '왜, 쌨'으로 될 적에도 준 대로 적는다."라는 규정으로 '되어'는 '돼'가 준말이다. 따라서 '되어'로 풀 수 있으면 '돼'라고 할 수 있다. 예로 '좋은 사람이 돼라.'의 '돼라'는 '되'+'-어라'(직접명령어미)의 구조이므로 '되-'+'-(으)라(간접명령어미)'의 구조인 '좋은 사람이 되라고 하셨다.'의 '되라'와는 구별해야 한다. 그러므로 '되요'가 아닌 '돼요'로 써야 올바른 표현이다.

030
우리 집 강아지 중에 '얼룩이/얼루기'가 제일 영리하다.

한글맞춤법 제23항에서 "'-하다'나 '-거리다'가 붙는 어근에 '-이'가 붙어서 명사가 된 것은 그 원형을 밝히어 적는다."라는 규정의 예로는 '눈깜짝이, 배불뚝이, 오뚝이, 홀쭉이' 등이 있다. 하지만 붙임에서 "'-하다'나 '-거리다'가 붙을 수 없는 어근에 '-이'나 또는 다른 모음으로 시작되는 접미사가 붙어서 명사가 된 것은 원형을 밝히어 적지 아니한다."라는 규정으로 '얼루기'로 써야 올바른 표현이다. 예로는 '뻐꾸기, 칼싹두기, 깍두기, 부스러기' 등이 있다.

031
'펜팔란/펜팔난'을 보시면 알 수 있어요.

한글맞춤법 제11항에서 "한자음 '랴, 려, 례, 료, 류, 리'가 단어의 첫머리에 올 적에 두음법칙에 따라 '야, 여, 예, 요, 유, 이'로 적는다."라는 규정의 예로 '용궁, 예의, 이발' 등이 있으며, 붙임4에서 '접두사처럼 쓰이는 한자가 붙어서 된 말이나 합성어에서 뒷말의 첫소리가 'ㄴ' 또는 'ㄹ' 소리로 나더라도 두음 법칙에 따라 적는다."라는 규정이 있다. 이때에 '펜팔란'은 외래어 뒤에서 결합하는 경우로 '펜팔난'을 써야 올바른 표현이다. 또한 고유어일 때인 '어머난, 어린이난' 등도 같은 경우이다.

032
선희가 그러는데 민수가 결혼한'데/대'.

많은 사람들이 '데'를 경우가 많으나 '대'로 써야 올바른 표현이다. '-대'는 형용사 어간이나 어미 '-으시-', '-었-', '-겠-' 뒤에 붙어, 어떤 사실을 주어진 것으로 치고 그 사실에 대한 의문을 나타내는 종결 어미로, 놀라거나 못마땅하게 여기는 뜻이다.

그러나 '-데'는 '이다'의 어간, 용언의 어간 또는 어미 '-으시-', '-었-', '-겠-' 뒤에 붙어, 과거 어느 때에 직접 경험하여 알게 된 사실을 현재의 말하는 장면에 그대로 옮겨 와서 말함을 나타내는 종결 어미이다.

즉, '-데'는 화자가 직접 경험한 사실을 나중에 보고하듯이 말할 때 쓰이는 말로 '-더라'와 같은 의미를 전달하는 데 비해, '-대'는 직접 경험한 사실이 아니라 남이 말한 내용을 간접적으로 전달할 때 쓰는 것이다. 따라서 '선희가 그러는데 철수가 결혼한대.'로 써야 올바른 표현이다. '데'는 '세 살배기가 아주 말을 잘하데.'가 있다.

033
늦은 밤에 너를 혼자 보내기가 '꺼림직하다/꺼림칙하다.'

어떤 일을 처리한 후에 개운하지 않거나 보기에 거리끼고 언짢은 데가 있을 때, '꺼림직하다'라는 말을 자주 쓴다. 그러나 '꺼림칙하다'로 써야 올바른 표현이다.

표준어규정 제1절 제3항은 거센소리를 가진 형태를 표준어로 삼고 있다. 즉, 표준어의 경우 거센소리를 인정하지 않으나 발음의 변화가 현저하기 때문에 이를 인정한 것이다. '꺼림'이라는 어간에 '-하다'나, '꺼림칙'에 '하다'를 붙여 쓰기도 한다.

034
우리 집 살림은 무척 '단촐하다/단출하다.'

우리는 흔히 '식구나 구성원이 많지 않아 홀가분하다.'의 뜻으로 종종 '단촐하다'라는 표현을 쓴다. 하지만 '단출하다'라고 써야 올바른 표현이다.

모음조화는 'ㅏ', 'ㅗ'의 양성모음은 양성모음끼리, 'ㅓ', 'ㅜ' 따위의 음성모음은 음성모음끼리 어울리는 음운 현상이다. 표준어규정 제8항에서는 '양성모음이 음성모음으로 바뀌어 굳어진 다음 단어는 음성모음 형태를 표준어로 삼는다.'라고 규정하고 있다. '깡충깡충, 발가숭이, 오뚝이…' 등이 한 예이다.

035
내 친구는 화가 나서 얼굴이 '푸르락붉으락/붉으락푸르락' 해졌다.

우리는 갑자기 화가 날 때 얼굴이 붉어지는 것을 느낄 수 있다. 사람들은 이때 '얼굴이 울그락불그락하다.'라고 한다. '붉으락푸르락'이나 '푸르락붉으락'을 복수표준어로 알고 있는 사람들이 많다.

하지만 표준어규정 제4절 제25항은 '의미가 똑같은 형태가 몇 가지 있을 경우, 그 중 어느 하나가 압도적으로 널리 쓰이면, 그 단어만을 표준어로 삼는다.'라고 규정하고 있다. 이러한 이유로 '푸르락붉으락'이 표준어가 아니라 압도적으로 널리 쓰이는 '붉으락푸르락'이 표준어가 된다.

우리 큰애가 노란 '수평아리/숫병아리'를 사왔다.

어린 시절 학교 앞에서 암병아리와 숫병아리를 사서 그 병아리가 닭이 되는 즐거운 상상을 해보았을 것이다. 여기서 '암병아리', '숫병아리'는 '암평아리'와 '수평아리'가 표준어이다.

표준어규정 제1절 제7항은 "수컷을 이르는 접두사는 '수-'로 통일"하고, '다만1'에서 "접두사 다음에서 나는 거센소리를 인정하며, 접두사 '암-'이 결합되는 경우도 이에 준한다."라고 한다. '다만2'에서 "다음 단어의 접두사는 '숫-'으로 한다."라는 규정이다. 예로는 '숫양, 숫염소, 숫쥐' 등이 있다.

이 옷은 '허드래/허드레'로 일할 때 입는다.

'그다지 중요하지 않아 함부로 쓸 수 있는 물건'을 표현할 때 흔히 '허드래'라고 한다. 『표준국어대사전』에는 '허드래'는 '허드레'의 잘못으로 정의하고 있다. 이러한 혼동은 두 단어의 발음이 비슷하게 나타나기 때문이다. 그렇지만 표준어규정 제2절 모음 제11항에 '모음의 발음 변화를 인정해, 발음이 바뀌어 굳어진 형태를 표준어로 삼는다.'라고 해서 '허드래'는 '허드레'의 현실 발음을 받아 들여야 한다. 이와 같은 예로 '주착->주책, 지리하다->지루하다, 실업의-아들->서러베-아들, 미시->미수, 상치->상추' 등이 있다.

038
민수는 조금만 '추켜세우면/추어올리면' 기고만장해진다.

우리는 남을 칭찬하는 말을 할 때 '추켜세우다'라는 말을 쓴다. 하지만 '추어올리다'가 표준어이다. '추켜세우다'는 '위로 치올리다'라는 뜻의 '추키다'에 '세로로 서게 하다'의 '세우다'와 '오르게 하다'의 '올리다'가 더해진 '위로 세워 올리다'의 뜻이다.

'추어올리다'는 '실제보다 높이 칭찬하다.'의 뜻 '추다'에서 파생된 것으로 '위로 끌어올리다.'라는 의미를 갖는다. '추어올리다'와 같이 '위로 끌어올리다'라는 의미의 단어로는 '추어주다'가 있다.

표준어규정 제26항은 '한 가지 의미를 나타내는 형태 몇 가지가 널리 쓰이며 표준어 규정에 맞으면, 그 모두를 표준어로 삼는다.'라고 규정하여 '추어올리다'와 '추어주다'를 복수표준어로 인정하고 있다. 따라서 '원기는 조금만 추어올리면 기고만장해진다.'나 '원기는 조금만 추어주면 기고만장해진다.'라고 써야 한다.

039
'석유값/석윳값' 어떻게 써야 하나요?

한자어인 '석유(石油)'와 고유어인 '값'이 합쳐진 합성어이다. 이 경우 '석유'가 모음으로 끝나고 뒷소리 '값'이 [깝]으로 첫소리가 된소리로 나게 되어 한글맞춤법 제30항 2. (1)의 경우에 해당되어 사이시옷을 사용해야 한다. 따라서 '석윳값'으로 표기하는 것이 옳다.

한글 맞춤법 제30항 사이시옷은 다음과 같은 경우에 받치어 적는다.

첫째, 순 우리말로 된 합성어로서 앞말이 모음으로 끝난 경우
(1) 뒷말의 첫소리가 된소리로 나는 것

(2) 뒷말의 첫소리 'ㄴ, ㅁ' 앞에서 'ㄴ' 소리가 덧나는 것

(3) 뒷말의 첫소리 모음 앞에서 'ㄴㄴ' 소리가 덧나는 것

둘째, 순 우리말과 한자어로 된 합성어로서 앞말이 모음으로 끝난 경우
(1) 뒷말의 첫소리가 된소리로 나는 것
(2) 뒷말의 첫소리 'ㄴ, ㅁ' 앞에서 'ㄴ' 소리가 덧나는 것
(3) 뒷말의 첫소리 모음 앞에서 'ㄴㄴ' 소리가 덧나는 것

셋째, 두 음절로 된 다음 한자어
곳간(庫間), 셋방(貰房), 숫자(數字), 찻간(車間), 툇간(退間), 횟수
(回數)

040
동네 사람들은 '알타리무/총각무'를 수확하느라 바쁘다.

'굵기가 손가락만 하거나 그보다 조금 큰 무를 무청째 담근 김치'를
가리켜 흔히 '알타리무김치' 혹은 '총각김치'라고 부른다. 그리고 '총각
김치'를 담그는 무를 가리켜 '총각무' 또는 '알타리무'나 '알무'라고 한다.
'알타리무', '알무', '총각무(總角무)' 중에서 '총각무(總角무)'만이
표준어이다. 표준어규정 제22항은 '고유어 계열의 단어가 생명력을
잃고 그에 대응되는 한자어 계열의 단어가 널리 쓰이면, 한자어 계열
의 단어를 표준어로 삼는다.'라고 규정하고 있다.

041
손톱에 '봉숭화/봉숭아/봉선화' 물을 예쁘게 들였다.

한글맞춤법 제4절 "단수표준어 제17항에서 비슷한 발음의 몇 형태
가 쓰일 경우, 그 의미에 아무런 차이가 없고, 그 중 하나가 더 널리

쓰이면, 그 한 형태만을 표준어로 삼는다."라는 규정이다. 그러므로 '봉숭아'로 써야 하며, '봉선화'도 표준어이다. 이와 유사한 예로는 '천정->천장, 짓물다->짓무르다, 시늠시늠->시름시름, 내흉스럽다->내숭스럽다, 귀엣고리->귀고리, 귀에지-귀지' 등이 있다.

042
그것을 잘못할 사람이 '아니예요/아니에요'

'아니에요'나 '아니어요'는 복수 표준어로서 '이다'에 '-에요, -어요'가 붙은 말이다. '-어요'는 '-어/-아'에 보조사 '요'가 결합한 것으로, '하다'어간 뒤에서는 '-여요'가 실현되고, '이다, 아니다' 뒤에서는 '-에요'로 나타난다. '이에요'와 '이어요'의 '이'는 서술격조사이므로 체언 뒤에 붙는데, 받침이 없는 체언에 붙을 때에는 '예요/여요'로 줄어든다. 한편 '아니다'는 용언이므로 '이에요'나 '이어요'가 연결될 수 없고, 어미인 '-에요, -어요'가 연결되므로 '아니에요(아녜요), 아니어요(아녀요)'가 올바른 표현이다. '아니다'에 '이에요'와 '이어요'가 붙은 '아니예요, 아니여요'는 잘못된 표현이다.

예를 보면 "첫째, 받침이 있는 인명에 '미숙이이에요(축약)->미숙이예요', 둘째, 받침이 없는 인명에 '철수이에요(축약)->철수예요', 셋째, 받침이 있는 명사로 '맏아들이에요', 넷째, '가장 어린 손자이에요(축약)->손자예요', 다섯째, '아니에요(축약)->아녜요' 등이 있다.

043
만수의 얼굴은 '넓죽하다'의 발음은?

'넓죽하다'는 [널쭉하다]라고 발음하는 경우가 많다. 이는 표준발음법 제10항에서 '겹받침 'ㄳ', 'ㄵ', 'ㄼ, ㄽ, ㄾ', 'ㅄ'은 어말 또는 자음 앞에서 각각 [ㄱ, ㄴ, ㄹ, ㅂ]으로 발음한다.'라고 규정한다. 예로 '넋 [넉], 외곬[외골]' 등이 있다. 다만, "'밟-'은 자음 앞에서 [밥]으로 발음하고, '넓-'은 다음과 같은 경우에 [넙]으로 발음한다."라고 규정하고 있다. 이에 따라 '넓죽하다'는 [넙쭈카다]로 발음해야 한다.

044
어머니는 '햇살'이 좋다고 하시면서 '베갯잇'을 빨고 계신다.

'해가 내쏘는 광선'은 '햇살'이고, '베개의 겉을 덧씌워 시치는 헝겊'을 '베갯잇'이라고 한다. 표준어규정 30항으로 '사이시옷이 붙은 단어는 다음과 같이 발음한다.'고 규정하면서, "1. 'ㄱ, ㄷ, ㅂ, ㅅ, ㅈ'으로 시작하는 단어 앞에 사이시옷이 올 때는 이들 자음만을 된소리로 발음하는 것을 원칙으로 하되, 사이시옷을 [ㄷ]으로 발음하는 것도 허용한다."라고 규정한다. '햇살[해쌀, 핻쌀]'로 발음한다. 또한 "3. 사이시옷 뒤에 '이'음이 결합되는 경우에는 [ㄴㄴ]으로 발음한다."고 규정하고 있으므로 '베갯잇[베갣닏->베갠닏]으로 발음을 해야 한다.

045
민주주의의 '의의'의 발음은?

'민주주의의 의의'는 발음할 때 많이 혼란을 겪는 것이다. 표준발음법 제5항의 '다만3'은 "자음을 첫소리로 가지고 있는 음절의 'ㅢ'는 [ㅣ]로 발음한다."라고 되어 있다. 예로는 '무늬[무니], 띄어쓰기[띠어쓰기], 희망[히망]' 등이 있다. '다만 4'는 "단어의 첫 음절 이외의 '의'는 [ㅣ]로, 조사 '의'는 [ㅔ]로 발음함도 허용한다."라고 규정한다.
따라서 '민주주의의 의의'를 발음에 적용해 보면, [민주주의의/민주주이에 의이]와 같이 발음해야 한다.

046
'신문로[Sinmunro]'의 표기는?

'신문로'를 로마자표기법에 맞게 표기하라고 하면, 'Sinmunro'와 같이 쓰는 경우가 많을 것이다. 로마자표기법 제3장 표기상의 유의점 제1항에서 '음운 변화가 일어날 때에는 변화의 결과에 따라 적는다.'라고 규정하고 있다. 이 때, '신문로'는 자음 사이에서 동화작용이 일어나는 경우로 '신문로[신문노]'와 같이 발음되면 로마자표기법에 맞는 'Sinmunno'로 표기하여야 한다.

예로는 '백마[뱅마](Bangma), 별내[별래](Byeollae)' 등이 있다.

047
'솜이불'의 발음은?

'솜이불'은 [소미불]로 발음을 하기도 한다. 그러나 '솜이불'은 [솜니불]로 발음을 해야 한다. 표준발음법 제29항에서 "합성어 및 파생어에서, 앞 단어나 접두사의 끝이 자음이고 뒤 단어나 접미사의 첫음절이 '이, 야, 여, 요, 유'인 경우에는, 'ㄴ'소리를 첨가하여 [니, 냐, 녀, 뇨, 뉴]로 발음한다."라고 규정하고 있다. 예로는 '홑이불[혼니불], 막일[망닐], 내복약[내봉냑], 색연필[생년필], 직행열차[지캥녈차]' 등이 있다.

048
수민이의 눈은 수정과 같이 '맑다.'의 발음은?

'맑다'의 발음은 [말따]아닌 [막따]로 발음하여야 한다. 표준발음법 제11항에서 "겹받침 'ㄺ, ㄻ, ㄿ'은 어말 또는 자음 앞에서 각각 [ㄱ,

ㅁ, ㅂ]으로 발음한다."라고 규정한다. 예로 '닭[닥], 젊다[점따], 읊고
[읍꼬]' 등이 있다. 다만, "용언의 어간 말음 'ㄹㄱ'은 'ㄱ' 앞에서 [ㄹ]로
발음한다."라고 규정한다.

049
scout [skáut]의 표기는?

'스카웃'이 아닌 '스카우트'라고 해야 올바른 표기이다. 외래어표기
법 제2장 표기 일람표의 표1 국제 음성 기호와 한글 대조표에 의하면
'스카웃'이 아닌 '스카우트'라고 써야 한다.

050
'빽빽히/빽빽이'는 무엇이 바른가?

'빽빽이'로 써야 올바른 표현이다. 한글맞춤법 제51항에서 "분명히
[이]로만 나는 것은 '이'로 적고, [히]로만 나거나 [이]나 [히]루 나는
것은 '히'로 적는다."라는 규정은 모호하게 해석될 수도 있다. [이]로
만 나는 것 [히]로만 나는 것이란, 실상 발음자의 습관에 따라 다르게
인식될 수 있고, 따라서 예시된 단어 이외의 경우는 자칫 기록자의 임
의적인 해석에 의하여 좌우될 수도 있을 것이다.
　다음과 같은 규칙성이 제시될 수 있다. 음운 형태는 발음 자의 습관
에 따라 다르게 인식될 수 있는 것이므로, 이 규칙성에 대해서도 이견
(異見)이 없지 않으리라 생각되지만, 단어 하나하나를 가지고 논의하
여 결정하는 방식을 취하지 않는 한, 문제의 근본적인 해결을 기대하
기는 어려울 것이다.
　한글맞춤법 제51항 부사의 끝음절이 분명히 '이'로만 나는 것은 '-
이'로 적고, '히'로만 나거나 '이'나 '히'로 나는 것은 '-히'로 적는다.

1. '이'로만 나는 것

가붓이, 깨끗이, 나붓이, 느긋이, 둥긋이, 따뜻이, 반듯이, 버젓이, 산뜻이, 의젓이, 가까이, 고이, 날카로이, 대수로이, 번거로이, 많이, 적이, 헛되이, 겹겹이, 번번이, 일일이, 집집이, 틈틈이

-'이'로 적는 것

(1) (첩어 또는 준첩어인) 명사 뒤
　　간간이, 겹겹이, 샅샅이, 곳곳이, 길길이, 나날이, 다달이, 땀땀이, 몫몫이, 번번이, 샅샅이, 알알이, 앞앞이, 줄줄이, 짬짬이, 철철이

(2) 'ㅅ' 받침 뒤
　　기웃이, 나긋나긋이, 남짓이, 뜨뜻이, 버젓이, 번듯이, 빤듯이, 지긋이

(3) 'ㅂ'불규칙 용언의 어간 뒤
　　가벼이, 괴로이, 기꺼이, 너그러이, 부드러이, 새로이, 쉬이, 외로이, 즐거이

(4) '-하다'가 붙지 않는 용언 어간 뒤
　　같이, 굳이, 길이, 깊이, 높이, 많이, 실없이, 적이, 헛되이

(5) 부사 뒤
　　곰곰이, 더욱이, 생긋이, 오뚝이, 일찍이, 히죽이

2. '히'로만 나는 것

극히, 급히, 딱히, 속히, 작히, 족히, 특히, 엄격히, 정확히

-'히'로 적는 것

(1) '-하다'가 붙는 어근 뒤(단, 'ㅅ'받침 제외)
　　극히, 급히, 딱히, 속히, 족히, 엄격히, 정확히, 간편히, 고요히,

공평히, 과감히, 급급히, 꼼꼼히, 나른히, 능히, 답답히

(2) '-하다'가 붙는 어근에 '-히'가 결합하여 된 부사가 줄어진 형태
(익숙히→)익히, (특별히→)특히

(3) 어원적으로는 '-하다'가 붙지 않는 어근에 부사화 접미사가 결
합한 형태로 분석되더라도, 그 어근 형태소의 본뜻이 유지되고
있지 않은 단어의 경우는 익어진 발음 형태대로 '히'로 적는다.
작히(어찌 조그만큼만, 오죽이나)

3. '이, 히'로 나는 것

솔직히, 가만히, 간편히, 나른히, 무단히, 각별히, 소홀히, 쓸쓸히, 정
결히, 과감히, 꼼꼼히, 심히, 얼심히, 급급히, 답답히, 섭섭히, 공평히,
능히, 당당히, 분명히, 상당히, 용히, 간소히, 고요히, 도저히

051
'flash[flæʃ]'의 표기는?

'플래쉬'로 써 있는 곳이 많다. 하지만 '플래시'로 표기하는 것이 올
바르다.

외래어표기법 제3항 마찰음 2) "어말의 [ʃ]는 '시'로 적고, 자음 앞
의 [ʃ]는 '슈'로, 모음 앞의 [ʃ]는 뒤에 따르는 모음에 따라 '샤, 섀,
셔, 셰, 쇼, 슈, 시'로 적는다."라는 규정이다.

052
'Caesar[siːzər]'의 표기는?

'카이저'는 '시저'로 써야 올바른 표기이다. 외래어표기법 제4장 지
명 표기의 원칙, 제1절 '표기 원칙 제3항 원지음이 아닌 제3국의 발음

으로 통용되고 있는 것은 관용을 따른다.'라는 규정이다. 제3항은 관용을 인정하는 경우로 원지음을 따른 것이 원칙이지만 실제로는 제3 국의 발음으로 통용되고 있는 인명이나 지명은 그 관용을 인정하는 것이다.

053
'곱절/갑절'은 무엇이 올바른가?

'곱절'이 올바른 표현이다. 왜냐하면, 수관형사나 수와 관련된 명사와 결합할 경우, '세 곱절', '네 곱절', '몇 곱절' 등의 표현은 가능해도 '세 갑절', '몇 갑절'이라는 표현은 쓰지 않기 때문이다. '갑절'은 '어떤 수나 양을 두 번 합한 만큼'이란 의미로만 쓰인다. 곧, '두 배'를 뜻할 때만 갑절을 쓴다. 그런데 '곱절'은 '두 배'의 의미도 있고, 여기에 더해 '일정한 수나 양이 그 수만큼 거듭됨을 이르는 수량'이란 의미도 있다. 예로는 '생산량이 작년보다 곱절이나 늘었다.', '그 상점은 도매보다 가격을 곱절로 비싸게 부른다.' 등이 있다. 결과적으로, 곱절은 '두 배'의 뜻뿐만 아니라 한자어 '배(倍)' 의미도 갖지만, 갑절은 '두 배'라는 한 가지 의미만 갖기 때문에 '곱절'로 써야 올바른 표현이다.

054
'yellow[yelou]'의 표기는?

'옐로우'로 써 있는 곳이 많으나 '옐로'로 표기하여야 한다. 외래어 표기법 제3장 표기 세칙 제1절 영어의 표기 제8항 "중모음([ai], [au], [ei], [ɔi], [ou], [auə])은 각 단모음의 음가를 살려서 적되, [ou]는 '오'로, [auə]는 '아워'로 적는다."라는 규정이다.

예로 'window[windou], tower[tauə], boat[bout]' 등이 있다.

055
'[ketchup]'의 표기는?

'과일, 채소 따위를 끓여서 걸러 낸 것에 설탕, 소금, 향신료, 식초 따위를 섞어서 조린 소스'를 말한다. 상호명에 '오뚜기 케찹'이라고 쓰여 있기 때문에 국민들은 '케찹'을 올바른 표기로 인식하고 있다. 하지만 [ketchup]으로 표기하고 있기에 '케첩'으로 써야 올바른 표기이다.

056
'광한루'의 발음은?

'광한루'는 [광한누]로 발음을 하는 경우가 많다. 하지만 표준발음법 제20항에서 "'ㄴ'은 'ㄹ'의 앞이나 뒤에서 [ㄹ]로 발음한다."라고 규정하고 있다. 따라서 '광한루'는 [광할루]라고 발음하는 것이 올바르다. 예로는 '신라[실라], 대관령[대괄령], 물난리[물랄리], 줄넘기[줄럼끼]' 등이 있다.

057
'얕잡다/낮잡다'의 차이점은?

'얕잡다'는 '남의 재주나 능력 따위를 실제보다 낮추어 보아 하찮게 대하는 것'을 의미한다. 예를 들면, '얕잡는 투로 말하다.', '엄마가 일본 풍습을 얕잡는 것 중에 복식이 제일 유별났다.', '제독 이여송은 너무 왜적을 얕잡아 보다가 죽을 고비를 넘긴 뒤에 마음이 산란하고 간담이 서늘했다.'가 있다.

'낮잡다'는 '실제로 지닌 값보다 낮게 치다.', '사람을 만만히 여기고 함부로 낮추어 대하다.'라는 뜻이 있다. 예를 들면, '물건 값을 낮잡아 부르다.', '그는 낮잡아 볼 만큼 만만한 사람이 아니다.'라는 것들이다.

058
'[Jungang]'의 표기는?

로마자표기법으로 '중앙'이라는 단어를 표기할 때, 'Jungang'으로 표기한다. 로마자표기법만으로 이 단어를 읽고자 할 때, 단어의 뜻을 전혀 모르는 외국인의 경우, '준강'과 같이 이해하고, 발음하는 경우가 우려된다. 따라서 로마자표기법 제3장 표기상의 유의점 제2항에서 '발음상 혼동의 우려가 있을 때에는 음절 사이에 붙임표(-)를 쓸 수 있다.'라고 규정한다. 그러므로 'Jungang'은 로마자표기법의 원칙에 따라 'Jung-ang'으로 표기를 해야 한다. 또다른 예로는 '반구대'는 'Ban-gudae'로 '세운'은 'se-un'으로 표기한다.

059
'내노라/내로라'에서 올바른 것은?

'내로라'는 대명사 '나'에 서술격조사 '-이', 주어가 화자와 일치할 때 쓰인다. 그리고 선어말어미 '-오-'와 평서형 종결어미 '-다'가 차례로 결합된 형식이다.

'-로라'의 성격이 '-오라'와 다르지 않다는 주장으로 귀결된다. '-로라'의 '-로-'는 선어말어미 '-오-'의 이형태이기 때문이다. 그런데 '-로라'가 '-오라'와 같다면 '-로라'는 '-노라'와도 같은 부류의 어미가 된다. 국어에서 '-느-'는 동사 어간 뒤에만 나타날 뿐, 형용사나 계사의 어간 뒤에는 나타나지 못한다는 제약이 있다. 현재시제를 나타내는 '-느-'에 '-오라'가 결합되어 형성된 '-노라(-느-＋-오라)'는 동사어간 뒤에만 나타나고, 형용사나 계사 '이다' 뒤에는 각각 '-오라', '-

로라'가 나타난다.

060
'[Samsung]'의 표기는?

우리가 흔히 접할 수 있는 신문이나 방송 등의 매체에서 회사명 '삼성'을 'Samsung'으로 표기하고 있다. 로마자표기법에 따라 '삼성'을 표기하면 'Samseong'이 되어야 한다.

그러나 로마자표기법 제3장 표기상의 유의점 제7항에서 '인명, 회사명, 단체명 등은 그동안 써 온 표기를 쓸 수 있다.'라고 규정하고 있다. 제7항은 그 동안 써 오던 인명, 회사명, 난체명을 바꿀 경우 발생될 수 있는 갑작스러운 혼란상을 막기 위한 규칙이라고 할 수 있다. 앞으로는 로마자표기법에 의거하여 'Samseong'으로 쓰도록 권장한다.

061
'[lnwangni]'의 표기는?

'인왕리'는 [인왕니]로 발음되기 때문에 'Inwangni'로 표기 하기 쉽다. 하지만 로마자표기법 제3장 제5항에서 '도, 시, 군, 구, 읍, 면, 리, 동'의 행정 구역 단위와 '가'는 각각 'do, si, gun, gu, eup, myeon, ri, dong, ga'로 적고, 그 앞에는 붙임표(-)를 넣는다. '붙임표(-) 앞뒤에서 일어나는 음운 변화는 표기에 반영하지 않는다.'라고 규정한다.

따라서 '인왕리'와 같은 행정 구역 단위를 표시하는 단어를 쓸 경우에는 'Inwang-ri'로 표기해야 한다.

062
'값을 치루다/치르다'의 차이점은?

우리가 여행을 끝마치고 숙소에서 나오면서 자주 하는 말이다. 그런데 주어야 할 돈을 주는 과정에서 '치루다'와 '치르다'를 올바르게 사용하는 이는 드물다.

'주어야 할 돈을 주다.'는 '지불하다'의 의미로 쓸 경우에 '치르다'가 올바른 표현이다. 이때, '치루다'는 잘못된 표현이다.

'치르다'는 또 '무슨 일을 겪어 내다.'라는 의미가 있는데, 이 경우에도 '치루다'가 아닌 '시험을 치르다.', '잔치를 치르다.'로 써야 올바른 표현이다.

'치르다'는 '치르고, 치르니, 치러서' 등과 같이 '으'불규칙 활용을 하는 말이다. 이 말은 어미 '-어'가 올 때, '-으'가 탈락하여 흔히 '-러'로 발음되는 것을 들을 수 있다. 따라서 '돈을 치러라.', '행사를 치러라.' 등으로 쓰일 수 있다.

063
찌개가 '맛깔지게/맏깔스럽게' 끓는 것을 보니 저절로 배가 고프다.

사람의 식욕을 자극하는 요인 중 가장 효과적인 방법은 음식냄새를 이용하는 것이다. 또한 시각적인 요인으로서 냄비에서 찌개가 끓고 있는 모습을 보았을 때에도 빨리 그 음식을 먹고 싶다는 생각이 들기 마련이다. 이런 모습을 보고 '입에 당길 만큼 음식의 맛이 있다.'라는 표현으로 '맛깔지게 끓고 있네.'라고 표현하는데, '맛깔스럽게'로 쓰는 것이 올바른 표현이다.

표준어규정 17항은 '비슷한 발음의 몇 형태가 쓰일 경우, 그 의미에 아무런 차이가 없고 그 중 하나가 더 널리 쓰이면, 그 한 형태만을 표준어로 삼는다.'라고 규정하고 있다. 한 가지 뜻이 있는 다양한 표현들을 복수 표준어로 인정하면 오히려 혼란을 일으키기 쉽다고 보아서 단수 표준어로 처리하는 것이다.

064
'갱신/경신'의 차이점은?

매년 기록이 '갱신(更新)'되는 것이 아니라 '경신(更新)'되는 것이다. 기록경기에서 '종전의 기록을 깨뜨린다.'는 의미로 쓸 때는 '경신(更新)'만을 사용해야 하며, 법률 용어로 '법률관계의 존속 기간이 끝났을 때 그 기간을 연장하는 일'에는 '갱신(更新)'만을 사용해야 한다. 즉 '세계 기록을 경신하다.'의 예나 '계약 갱신, 비자 갱신, 면허 갱신' 등의 예는 '경신(更新)'과 '갱신(更新)' 중 한쪽만을 선택해서 써야 올바른 표현이 되는 것이다. 경신과 갱신으로 함께 쓰이는 경우는 '고침'으로 하도록 유도하고 있다.

065
'추념/추렴'은 무엇이 올바른가?

'추렴(出斂)'은 '모임이나 놀이 또는 잔치 따위의 비용으로 여럿이 각각 얼마씩의 돈을 내어 거두는 것'을 말한다. 예를 들면 '추렴을 내다.', '흡족한 비에 마을 사람들은 풍년이라도 만난 듯 추렴들을 하여 술과 안줏거리를 마련하였다.' 등이 있다.

한편 '갹금(醵金)'은 여러 사람이 각기 돈을 내거나 그 돈을 이른다. 예는 '각자 응분의 갹금을 희사하다.', '경비는 회원들의 갹금으로 충당된다.' 등의 표현이 있다.

'갹출(醵出)'은 같은 목적을 위하여 여러 사람이 돈을 나누어 내는 것을 뜻한다. 예로는 '모인 사람들이 갹출하여 구제 기금을 마련하였다.', '성금을 갹출하다.' 등이 쓰인다.

066
'좇다/쫓다'의 차이점은?

『큰사전』을 보면, '좇다'는 '남의 뜻을 따라서 그대로 하다'로, '쫓다'는 '있는 자리에서 빨리 떠나도록 몰다.', '급한 걸음으로 뒤를 따르다.'로 돼 있다. 뜻을 따르는 것은 '좇다'이고, 직접 발걸음을 떼서 따라가는 것은 '쫓다'라는 것이 분명하다.

그런데 어찌된 까닭인지 『큰사전』에서 분명했던 구분이 그 이후의 사전에서는 지켜지지 않았다(예를 들면 새 우리말큰사전 등). '좇다'에 '남의 뜻을 따르다'는 뜻 외에 '뒤를 따라가다'라는 뜻까지 올리거나 '뒤를 따르다'라고만 뜻풀이하고 상세한 설명을 하지 않아 '좇다'와 '쫓다'를 구분하기 어렵게 하고 있다.

067
'clinic[klinik]'의 표기는?

외래어표기법 제3장 표기 세칙 제1절 영어의 표기 제6항 2)에서 "어중 [l]이 모음 앞에 오거나, 모음이 따르지 않는 비음([m, n]) 앞에 올 때에는 'ㄹㄹ'로 적는다. 다만, 비음([m, n]) 뒤의 [l]은 모음 앞에 오더라도 'ㄹ'로 적는다."라는 규정이다. 그러므로 '크리닉'이 아닌 '클리닉'으로 표기해야 한다. 예로는 'boiler[bɔilər], club[klʌb]' 등이 있다.

068
'엉덩이/궁둥이/방둥이'의 차이점은?

'엉덩이'는 골반에 이어져 있는 볼기의 윗부분으로 '둔부(臀部)'라고도 한다. 예를 들면 '엉덩이가 크고 펑퍼짐하다.' '나는 녀석의 엉덩이를 냅다 걷어찼다.' 등이 있다.

'궁둥이'는 '엉덩이의 아랫부분으로 앉으면 바닥에 닿는 근육이 많은 부분', '옷에서 엉덩이의 아래가 닿는 부분'을 일컫는다. 예로는 '거짓말한 벌로 선생님께 궁둥이를 맞았다.', '우리는 발 밑에 굴러 있는 페인트 든 통을 하나씩 궁둥이 밑에 깔고 웅크리고 앉아서 불구경을 했다.' 등이 있다.

'방둥이'는 '길짐승의 엉덩이', '사람의 엉덩이를 속되게 이르는 말로 주로 여자의 것을 이를 때' 쓴다. 예는 '여편네가 방둥이를 내젓고 다니는 꼴이라니.', '날로 방둥이가 펑퍼짐해 가는 것이 인제 제법 처녀티가 나는 것이다.' 등이 있다.

069
'[Seolaksan]'의 표기는?

우리나라의 산 중에서 사계절 내내 아름답기로 소문난 곳을 들자면, 바로 설악산을 떠올릴 것이다. 이 때, 설악산을 찾아가는 외국인들이 쉽게 볼 수 있도록 길을 표시하는 역할을 하는 이정표가 있다. 하지만 기존의 표기는 'Seolaksan'으로 되어 있는데 이는 잘못된 것이므로 'Seoraksan'으로 표기해야 한다. 이는 외래어표기법 제2장 표기일람의 제2항 붙임2에서 "'ㄹ'은 모음 앞에서는 'r'로, 자음 앞이나 어말에서는 'l'로 적는다."는 규정 때문이다.

070
'책일껄/책일걸'에서 올바른 것은?

'책인걸'로 써야 올바른 표현이다. 한글맞춤법 제53항에서 '다음과 같은 어미는 예사소리로 적는다.'라고 되어 있다. 예를 보면 '-(으)ㄹ 거나/-(으)ㄹ꺼나, -(으)ㄹ걸/-(으)ㄹ껄, -(으)ㄹ게/-(으) 게, -(으)ㄹ세/-(으)ㄹ쎄, -(으)ㄹ세라/-(으)ㄹ쎄라, -(으)ㄹ수록/-(으) 수록' 등이 있다(왼쪽이 옳음.).

다만, 의문을 나타내는 다음 어미들은 된소리로 적는다. 예를 들면 '-(으)ㄹ까?, -(으)ㄹ꼬?, -(스)ㅂ니까?, -(으)리까?, -(으)ㄹ쏘냐?' 등이 있다.

'책인걸'의 '-ㄴ걸'은 '현재의 사실이 이미 알고 있는 바나 기대와는 다른 것임'을 뜻하는 어미로 앞서는 말(어간, 계사 '-이-')과 붙여 써야 한다.

그러나 '네가 이 학교 학생인 걸 몰랐어.'라고 할 때의 '걸'은 화어체에서 '것을'의 준말이므로, '학생인 걸'과 같이 띄어 써야 한다.

071
'살지다/살찌다'의 차이점은?

'살지다'는 '살이 많고 튼실하다.', '땅이 기름지다.', '과실이나 식물의 뿌리 따위에 살이 많다.' 등의 뜻이다. 예로는 '살지고 싱싱한 물고기.', '물이 오른 살진 과일은 보기에도 탐스럽다.' 등이 있다.

'살찌다'는 자동사이다. '몸에 살이 필요 이상으로 많아지다.', '비유적으로 힘이 강하게 되거나 생활이 풍요로워지다.'라는 뜻으로 쓰인다. 예를 들면 '너무 살찌면 움직임이 둔할 뿐더러 건강에도 해롭다.', '그녀는 얼굴이 동그스름하고 살찐 엉덩이를 가지고 있었다.' 등이 있다.

072
'[Han Bongnam(Han Bong-nam)]'의 표기는?

로마자표기법 제3장 표기상의 유의점 4항은 '인명은 성과 이름의 순서로 띄어 쓴다. 이름은 붙여 쓰는 것을 원칙으로 하되 음절 사이에 붙임표(-)를 쓰는 것을 허용한다.'라고 규정한다. 예로 '송나리'는 Song Nari(Song Na-ri)로 써야 올바른 표기이다.

또한 로마자표기법에 따를 경우, '한복남'을 '[Han Bongnam]'으로 쓰는 경우를 볼 수 있다. 그러나 제4항 (1)을 보면 '이름에서 일어나는 음운 변화는 표기에 반영하지 않는다.'라고 규정하므로 'Han Bongnam'이 아닌 'Han Boknam(Han Bok-nam)'과 같이 써야 한다.

073
'아니에요/아니예요'

표준어 규정 26항에서는 '-이에요'와 '-이어요'를 복수 표준어로 인정하고 있다.

'-이에요/-이어요'는 받침 있는 체언 뒤에서는 아래 (1)과 같이 '-이에요', '-이어요'로 나타난다, 그리고 받침이 없는 체언 뒤에서는 아래 (2)와 같이 이의 준말인 '-예요', '여요' 형으로 나타난다. 받침 없는 체언 뒤에서는 '-이에요', '-이어요' 형태 대신 그 준말인 '-예요', '-여요' 형태만을 인정하는 것이다.

(1) 책＋이에요/이어요.

⇒책이에요/책이어요(받침 있는 체언 뒤)

(2) 저+이에요/이어요(→예요/여요)

⇒저예요/저여요(받침 없는 체언 뒤)

그러나 위의 규정은 '아니에요'가 맞는지, '아니예요'가 맞는지에 대한 표준을 쉽게 알려 주지 못한다. 이는 표준과 비표준의 경계에 있기 때문에 앞으로 해결돼야 할 예외의 문제이지만 원칙 (1)이 받침이 있느냐 이고, 원칙 (2)가 체언이냐를 기준으로 삼는다면, 앞의 성분이 '아니'는 받침이 없는 상위의 기준이므로 '아니예요'가 아닐까 한다.

074
'[Baekam]'의 표기는?

로마자표기법 제2장 표기일람 제2항 자음은 다음 각 호와 같이 적는다. "1. 파열음 ㄱ(g, k), ㄲ(kk), ㅋ(k), ㄷ(d, t), ㄸ(tt), ㅌ(t), ㅂ(b, p), ㅃ(pp), ㅍ(p), 2. 파찰음 ㅈ(j), ㅉ(jj), ch(ㅊ), 3. 마찰음 ㅅ(s), ㅆ(ss), ㅎ(h), 4. 비음 ㄴ(n), ㅁ(m), ㅇ(ng), 5. 유음 ㄹ(r, l)" 등이 있다. 붙임1에서 "'ㄱ, ㄷ, ㅂ'은 모음 앞에서는 'g, d, b'로, 자음 앞이나 어말에서는 'k, t, p'로 적는다."라는 규정이 있다. 이것으로 [Baegam]으로 표기하여야 한다. 예로는 '월곶(월곧)[Wolgot], 한밭(한받)[Hanbat], 벚꽃(벋꼳)[beotkkot]' 등이 있다.

075
'친환경 농업/친환경농업', '친환경 쌀/친환경쌀'

'친환경'에서 친(親)은 접두사로 붙여 쓴다. '친환경 농업'과 '친환경 쌀'은 한글맞춤법 제50항에 '전문 용어는 단어별로 띄어 씀을 원칙으로 하되, 붙여 쓸 수 있다.'라는 규정으로 띄어 쓰는 것이 원칙이며,

붙여 쓰는 것도 허용된다.

여기에서 전문 용어란 특정의 학술 용어나 기술 용어를 말하는데, 대개 둘 이상의 단어가 결합하여 하나의 의미 단위에 대응하는 말, 곧 합성어의 성격으로 되어 있다. 따라서 붙여 쓸 만한 것이지만, 그 의미 파악이 쉽도록 하기 위하여 띄어 쓰는 것을 원칙으로 하고, 허용으로 붙여 쓸 수 있도록 하는 것이다.

076
'첫아들/첫 아들'은 어느 것이 올바른가요?

'첫아들'은 붙여 쓰는 것이 올바른 표현이다. '첫사랑, 첫눈, 첫날' 등은 원래 '첫'이 관형사로 띄어 써야 하지만, 접두사처럼 붙여 쓰도록 화석화 되어 붙여 쓰는 것이 올바른 표현이다. '첫사랑'은 '처음으로 느끼거나 맺은 사랑', '첫아들'은 '첫아이로 낳은 아들', '첫눈'은 '그해 겨울에 처음으로 내리는 눈' 또는 주로 '첫눈에' 꼴로 쓰여 처음 보아서 눈에 뜨이는 느낌이나 인상', '첫날'은 '어떤 일이 처음으로 시작되는 날' 등의 의미가 있다. 하지만 '첫 손자'와 '첫 승리'는 '첫'이 '맨 처음의'라는 관형사로 쓰여 띄어 써야 한다. '첫 손자'는 '맨 처음의 손자'를 의미하며, '첫 승리'는 '맨 처음의 승리'를 의미한다.

또한 '새것, 새집, 새사람, 새해, 새색시' 등도 '첫아들, 첫사랑' 등과 마찬가지로 '새'가 '이미 있던 것이 아니라 처음 마련하거나 다시 생겨난'이란 관형사로 띄어 써야 하지만, 접두사처럼 붙여 쓰도록 화석화 되어 붙여 쓰는 것이 올바른 표현이다. '새것'은 '새로 나오거나 만든 것', '새집'은 '새로 이사하여 든 집', '새해'는 '새로 시작되는 해', '새색시'는 '갓 결혼한 여자' 등을 의미한다. '새 장관', '새 대통령'은 '새'가 관형사로 쓰여 띄어 써야 한다.

077
아버지께서 선물을 '잔득/잔뜩' 안고 들어오셨다.

'잔뜩'으로 적는 것이 올바른 표현이다. 한글맞춤법 제5항은 "한 단어 안에서 뚜렷한 까닭 없이 나는 된소리는 다음 음절의 첫소리를 된소리로 적는다."라고 하고, 'ㄴ, ㄹ, ㅁ, ㅇ' 받침 뒤에서 나는 된소리는 된소리로 적는다.

'잔뜩'은 울림소리인 받침 'ㄴ' 때문에 다음 소리가 된소리로 표현되는 경우다. 따라서 '잔뜩'으로 써야 올바른 표현이다.

또한 '두 모음 사이에서 나는 된소리'는 한 개 형태소 내부에 있어서, 두 모음 사이에서(곧 모음 뒤에서) 나는 된소리는 된소리로 적는다는 것이다. 그 예로는 '소쩍새', '어깨', '오빠' 등이 있다.

078
'달디단/다디단' 사탕을 초등학생은 좋아한다.

한글맞춤법 제18항에서 "다음과 같은 용언들은 어미가 바뀔 경우, 그 어간이나 어미가 원칙에 벗어나면 벗어나는 대로 적는다."라고 하고, "1. 어간의 끝 'ㄹ'이 줄어질 적"으로 규정하고 있다. 이에 따라 '매우 달다.'라는 뜻의 '달디단'은 '다디단'으로 써야 올바른 표현이다.

'다디달다'는 '달다'의 어간 끝 'ㄹ'이 줄어진 뒤, '-디-ㄴ' 구성으로 쓰여 형용사 어간을 반복하여 그 뜻을 강조하는 연결 어미인 '-디'와 '달다'가 결합한 단어이다. '다디달다'는 '매우 달다.'라는 뜻 이외에 '베푸는 정 따위가 매우 두텁다.'라는 뜻도 있다.

079
운동회 날 운동장에는 만국기가 '계양/게양' 되어 펄럭였다.

한글맞춤법 제8항은 "'계, 례, 몌, 폐, 혜'의 'ㅖ'는 'ㅔ'로 소리 나는 경우가 있더라도 'ㅖ'로 적는다."라고 규정하고 있다. 이는 '계, 례, 몌, 폐, 혜'는 [게, 레, 메, 페, 헤]로 발음되나, 철자 형태와 발음 형태가 반드시 일치하는 것은 아니고, 또 사람들의 인식이 'ㅖ'형으로 굳어져 있어서, 그대로 'ㅖ'로 적기로 한 것이다.

반면에 '계, 례, 몌, 폐, 혜'를 'ㅔ'로 적는 경우가 있는데, 한글맞춤법 제8항 '다만'에서는 "다음 말은 본음대로 적는다."라고 하여 한자 '偈, 揭, 憩'는 본음(게)인 'ㅔ'로 적기도록 규정하고 있다.

이에 따라 '기(旗)' 따위를 높이 거는 것을 뜻하는 '계양(揭揚)'은 '게양'으로 써야 올바른 표현이고, 이와 같은 단어로는 '게송(偈頌), 게시판(揭示板), 휴게실(休憩室)' 등이 있다.

080
강제 수용소의 이야기는 그를 공포와 '전율/전률'에 휩싸이게 했다.

한글맞춤법 제11항은 "한자음 '랴, 려, 례, 료, 류, 리'가 단어의 첫머리에 올 적에는 두음 법칙에 따라 '야, 여, 예, 요, 유, 이'로 적는다."라고 규정하고, '붙임1'에서 단어의 첫머리 이외의 경우에는 본음대로 적으며, "다만, 모음이나 'ㄴ' 받침 뒤에 이어지는 '렬, 률'은 '열, 율'로 적는다."라고 하였다.

우리가 흔히 '몹시 무섭거나 두려워 몸이 벌벌 떨림'의 뜻으로 쓰는 '전률'은 이 규정에 따라 '전율'로 고쳐 써야 올바른 표현이다. '전율'은 'ㄴ' 받침 뒤에 '률'이 이어지기 때문이다. 이와 같은 단어로는 '나열, 치열, 비열, 분열' 등이 있다.

081
그 집 아들들은 모두가 '밋밋하고/민밋하고' 훤칠하여 보는 사람을 시원스럽게 해 준다.

한글맞춤법 제13항은 "한 단어 안에서 같은 음절이나 비슷한 음절이 겹쳐 나는 부분은 같은 글자로 적는다."라고 규정하고, '똑딱똑딱, 꼿꼿하다, 싹싹하다' 등을 예로 제시 하고 있다.

우리가 '생김새가 미끈하게 곧고 길다.'라는 뜻으로 쓰는 '민밋하다'는 '밋밋하다'로 써야 올바른 표현이다.

'밋밋하다'는 '경사나 굴곡이 심하지 않고 평평하고 비스듬하다.', '생긴 모양 따위가 두드러진 특징이 없이 평범하다.' 등의 뜻도 있다.

082
'짭짤하게/짭잘하게' 끓인 된장국은 입맛을 돋운다.

한글맞춤법 제13항은 "한 단어 안에서 같은 음절이나 비슷한 음절이 겹쳐 나는 부분은 같은 글자로 적는다."라고 규정하고 있다. 이에 따라 '감칠맛이 있게 조금 짜다.'라는 뜻의 '짭잘하다'는 '짭짤하다'로 고쳐 써야 올바른 표현이다.

'짭짤하다'는 '일이나 행동이 규모 있고 야무지다.'라는 뜻도 있어 '살림 솜씨가 짭짤한 며느리', '아내는 입이 잔만큼 살림 솜씨가 여간 짭짤하지 않다.'와 같이 쓰인다. 또한 '일이 잘되어 실속이 있다.', '물건이 실속 있고 값지다.'라는 뜻이 있어 '지난 여름에는 수박 장사를 해서 짭짤하게 재미를 보았다.', '신랑 집에서 보낸 봉채도 짭짤했지만 신부 집에서도 예단을 실팍하게 했다고 하데.'와 같이 활용된다.

083
'띄다/띠다'에 대하여 알려주세요?

'띄다'는 '뜨이다'의 준말이다. '뜨이다'는 '감았던 눈이 열리거나 막혔던 귀가 뚫리는 것 같다.' 또는 '눈에 보이다.'의 뜻으로 '원고에 오자가 눈에 띈다.'와 같이 사용할 수 있다. 다른 의미로 '한 칸 띄다' 와 같은 예도 볼 수 있다.

'띠다'는 '띠를 감거나 두르다', '물건을 지니다', '용무나 사명을 가지다', '표정이나 감정이 겉으로 좀 드러나다', '사상적 빛깔이 좀 섞여 있다' 의 의미로 '품에 칼을 띠다', '중대한 임무를 띠다', '붉은빛을 띤 저녁노을', '미소를 띤 얼굴', '비판적 성격을 띤 빌인' 과 같은 예를 볼 수 있다.

084
따뜻한 아랫목에 '누으니/누우니' 잠이 온다.

한글맞춤법 제18항은 "다음과 같은 용언들은 어미가 바뀔 경우, 그 어간이나 어미가 원칙에 벗어나면 벗어나는 대로 적는다."라고 규정하고 "6. 어간의 끝 'ㅂ'이 'ㅜ'로 바뀔 적"을 그 예로 하고 있다.

위의 문장에서 '몸을 바닥 따위에 대고 수평 상태가 되게 하다.'라는 뜻이 있는 '눕다'가 활용된 형태인 '누으니'는 '누우니'로 고쳐 써야 올바른 표현이다. '눕다'와 같이 활용되는 'ㅂ'받침을 가진 용언에는 '굽다(炙), 깁다, 눕다, 줍다' 등이 있다.

085
누룽지에 물을 붓고 푹 끓인 '누룽밥/눌은법'은 맛있다.

한글맞춤법 제18항은 "다음과 같은 용언들은 어미가 바뀔 경우, 그 어간이나 어미가 원칙에 벗어나면 벗어나는 대로 적는다."라고 하고, "5. 어간의 끝 'ㄷ'이 'ㄹ'로 바뀔 적"이라고 규정하고 있다.

이에 따라 솥 바닥에 눌어붙은 밥에 물을 부어 불려서 끓은 밥인 '눌은밥'으로 써야 올바른 표현이다. '눌은밥'은 '누런빛이 나도록 조금 타다.'라는 뜻의 '눋다'와 '밥'이 결합된 단어로, '눋다'는 '눌어, 눌으니, 눌은'과 같이 활용된다.

참고로 '누룽지'는 '솥 바닥에 눌어붙은 밥'의 경우만 표준어에 해당한다.

086
이제 부모 속 좀 작작 '썩혀라/썩여라.'

한글맞춤법 제22항은 "용언의 어간에 다음과 같은 접미사들이 붙어서 이루어진 말들은 그 어간을 밝히어 적는다."라고 하여 "1. '-기-, -리-, -이-, -히-, -구-, -우-, -추-, -으키-, -이키-, -애-'가 붙는 것, 2. '-치-, -뜨리-, -트리-'가 붙는 것"을 예로 하고 있다.

이에 따라 올곧지 못한 아이의 행동으로 인한 걱정이나 근심 따위로 마음이 몹시 괴로운 상태를 뜻할 때 자주 쓰는 '썩이다'로 써야 올바른 표현이다. '썩이다'는 '썩다'에 사동접미사 '-이-'가 붙어서 이루어진 말이기 때문이다.

087
철수는 1학년 2반의 '더퍼리/더펄이'로 소문이 나있다.

한글맞춤법 23항은 "'-하다'나 '-거리다'가 붙는 어근에 '-이'가 붙어서 명사가 된 것은 그 원형을 밝히어 적는다."라고 규정하고 있다. 그러나 '붙임'에서는 "'-하다'나 '-거리다'가 붙을 수 없는 어근에 '-

이'나 또는 다른 모음으로 시작되는 접미사가 붙어서 명사가 된 것은 그 원형을 밝히어 적지 아니한다."라고 규정하고 있다. '-하다'나 '-거리다'가 붙을 수 없는 어근에 '-이'나 또는 다른 모음으로 시작된 접미사가 결합하여 파생된 명사의 경우는, 그 어근 형태를 밝히어 적지 아니한다는 것이다.

주로 산만한 아이들을 꾸짖을 때, '성미가 침착하지 못하고 덜렁대는 사람'이라는 뜻으로 "너는 왜 그렇게 더퍼리냐?"라는 표현을 자주 쓴다. 그러나 '더퍼리'는 '더펄거리다'의 어근에 '-이'가 붙은 형태로 '더펄이'로 써야 올바른 표현이다. 이와 같은 예로는 '개구리, 귀뚜라미, 기러기, 깍두기' 등이 있다.

088
영수는 우리 반 최고의 '살살이/살사리'이다.

한글맞춤법 제23항은 "'하다'나 '거리다'가 붙는 어근에 '-이'가 붙어서 명사가 된 것은 그 원형을 밝히어 적는다."라고 규정하고 있다. 접미사 '-하다'나 '-거리다'가 붙는 어근이란, 형용사가 파생될 수 있는 어근을 말하는 것이다. 예를 들면, '깜짝 거리다', '깜짝이다'와 같은 형태에서 실질형태소인 어근 '깜짝-'의 형태를 고정시킴으로써, 그 의미가 쉽게 파악될 수 있도록 하는 것이다.

이와 같은 형태인 '살살이'도 마찬가지이다. 주로 직장이나 학교에서 상사 또는 친구들에게 잘 보이려고 애쓰는 모습을 보고, "○○○는 정말 살사리 같아."라는 표현을 자주 쓴다.

'살살이'는 '교활하고 간사하다'는 뜻인 '살살하다'의 어간에 '-이'가 붙은 형태이다. 따라서 그 원형을 밝혀 '살살이'로 써야 올바른 표현이다.

089
오빠는 밤새도록 몸을 '뒤처기다가/뒤척이다가' 아침이 되어서야 겨우 잠이 들었다.

한글맞춤법 제24항은 "'-거리다'가 붙을 수 있는 시늉말 어근에 '-이다'가 붙어서 된 용언은 그 어근을 밝히어 적는다."라고 규정하였다.

일상생활에서 피곤한 일을 하고 난 뒤에는 오히려 잠이 잘 오지 않아 몸을 이리 저리 움직이는 경우가 있다. 이처럼 몸이나 물건을 자꾸 이리 저리 뒤집는 모습을 보고 "너 왜 자꾸 몸을 뒤처기니?" 또는 음식을 먹는 경우에서 "음식을 뒤처기지 말거라." 등의 표현을 자주 쓴다. 그러나 '뒤척이다'로 써야 올바른 표현이다. 따라서 '뒤처기다'는 '뒤척거리다'의 어근인 '뒤척'을 그대로 살려 '뒤척이다'로 써야 한다.

접미사 '-이다'는 규칙적으로 널리 여러 어근에 결합된다. '뒤척거리다'의 실질 형태소인 '뒤척'의 형태가 고정되지 않는다면 의태어인 '뒤척뒤척'과의 연관성이 이해되기 어렵기 때문에 '이다'가 구별하여 적는 것이다. 같은 예로는 '간질이다', '끈적이다', '들썩이다' 등이 있다.

090
그는 매일 반복되는 생활에 '실증/싫증'을 느끼고 있다.

한글맞춤법 제27항은 "둘 이상의 단어가 어울리거나 접두사가 붙어서 이루어진 말은 각각 그 원형을 밝히어 적는다."라고 규정하였다. 이는 둘 이상의 어휘 형태소가 결합한 합성어나 어근에 접두사가 결합한 파생어일 때 발음 변화가 일어나더라도 실질 형태소의 원래의 모양을 밝히어 적어 그 뜻이 분명히 드러나도록 한 것이다.

따라서 '싫은 생각이나 느낌. 또는 그런 반응'의 뜻으로 자주 쓰는 '실증'은 어간 '싫-'과 한자어로 이루어진 어휘 형태소인 '증(症)'이 결합한 합성어이므로 '싫증'으로 고쳐야 올바른 표현이다.

091
000 아나운서가 잘 '아시는구만/아시는구먼' 무엇인 올바른가요?

'000 아나운서가 잘 아시는구만'에서는 '아시는구만'의 '-구만'은 '-구먼'의 잘못된 표현이다. '-구먼'은 '-군'의 준말로 "'이다'의 어간, 형용사 어간 또는 어미 '-으시-', '-었-', '-겠-' 뒤에 붙어 해할 자리나 혼잣말에 쓰여, 화자가 새롭게 알게 된 사실에 수목함을 나타내는 종결 어미"의 의미이다. 따라서 '000 아나운서가 잘 아시는구먼'이라고 써야 올바른 표현이다.

092
'쌀전/싸전' 앞에는 쌀을 사려는 사람들로 시끌벅적 했다.

한글맞춤법 28항은 "끝소리가 'ㄹ' 소리가 나지 아니하는 것은 아니 나는 대로 적는다."라고 규정하고 있다. 합성어나 접미사가 붙은 파생어에서 앞 단어의 'ㄹ' 받침이 발음되지 않는 것은 발음되지 않는 형태로 적는다. 이것은 합성어나 자음으로 시작된 접미사가 결합하여 된 파생어의 경우는 실질 형태소의 본 모양을 밝히어 적는다는 원칙에 벗어나는 규정이지만, 역사적인 현상으로서 'ㄹ'이 떨어져 있기 때문에, 어원적인 형태를 밝혀 적지 않는 것이다.

예부터 우리 생활에서 주식이 되어온 쌀을 비롯한 여러 가지 곡식을 살 수 있는 가게를 일컬어 '쌀을 파는 가게'라 하여 '쌀전'이라는 표현을 사용하여 왔다. 그러나 '싸전'으로 써야 올바른 표현이다. '쌀전'은 '쌀'과 '전'이 합쳐서 된 합성어로 이 과정에서 'ㄹ'은 'ㄴ, ㄷ, ㅅ, ㅈ'앞에서 탈락되기 때문이다.

093
괜히 '섯부른/섣부른' 짓 하지 마라.

한글맞춤법 제29항은 "끝소리가 'ㄹ'인 말과 딴 말이 어울릴 적에 'ㄹ' 소리가 'ㄷ' 소리로 나는 것은 'ㄷ'으로 적는다."라고 규정하고 있다. 이에 따라 '솜씨가 설고 어설프다.'라는 뜻의 '섣부르다'로 써야 올바른 표현이다.

'섣부르다'는 'ㄹ'받침을 가진 단어 '설다'와 '부르다'라는 단어가 결합하여 'ㄹ'이 [ㄷ]으로 바뀌어 발음된다. 이 같은 단어로는 '반짇고리, 사흗날, 삼짇날, 섣달, 숟가락, 이튿날' 등이 있다.

094
영수는 '등굣길/등교길'에 문구점에 잠깐 들리었다.

한글맞춤법 제30항은 "사이시옷은 다음과 같은 경우에 받치어 적는다."라고 하여 '순 우리말로 된 합성어로서 앞말이 모음으로 끝난 경우', '순 우리말과 한자어로 된 합성어로서 앞말이 모음으로 끝난 경우', '두 음절로 된 다음 한자어 '곳간, 셋방, 숫자, 찻간, 툇간, 횟수'의 경우에 사이시옷이 붙는다.'고 규정하고 있다.

따라서 '학생이 학교 가는 길'을 뜻하는 '등굣길'은 한자어 '등교(登校)'와 순 우리말 '길'이 결합된 단어이므로 '등굣길'로 써야 올바른 표현이다.

095
바로 '엇그저께/엊그저께'의 일 같은데 벌써 일 년이 지났다니….

한글맞춤법 32항은 '단어의 끝 모음이 줄어지고 자음만 남은 것은 그 앞의 음절에 받침으로 적는다.'라고 규정하였다. 이는 곧 실질 형태소가 줄어진 경우에는 줄어진 형태를 밝히어 적는 것이다. 우리는 흔히 지나간 과거의 일을 회상하여 말할 때 정확한 날짜를 언급하기보다는 자연스러운 표현으로 '어제', '그저께' 또는 '어제 그저께'라는 말을 자주 쓴다. 그런데 '엊그저께'는 '어제 그저께'가 줄어서 된 말이기 때문에 '엊그저께'로 써야 올바른 표현이다. '엇그저께'가 올바르지 못한 이유는 '어제그저께'에서 '어제'의 'ㅔ'가 준 형태인 '엊'으로 써야 하기 때문이다. '어제 그저께'는 '제'의 끝 모음이 줄어지고 'ㅈ'이 남아 받침으로 사용된 것이다. 이에 따라 위 문장은 '바로 엊그저께의 일 같은데 벌써 일 년이 지났다니….'라고 써야 올바른 표현이다.

096
내일 탁구 시합에 너의 상대는 '만만잖은/만만찮은' 실력이 있는 선수이다.

한글맞춤법 39항은 '어미 '-지' 뒤에 '않-'이 어울려 '-잖-'이 될 적과 '-하지' 뒤에 '않-'이 어울려 '-찮-'이 될 적에는 준 대로 적는다.'라고 규정하고 있다. 한글맞춤법 제36항의 "'ㅣ' 뒤에 '-어'가 와서 'ㅕ'로 줄 적에는 준 대로 적는다."라는 규정을 적용하면, '-지 않-', '-치 않-'이 줄어지면 '잖, 찮'이 된다. 그러나 줄어진 형태가 하나의 단어처럼 다루어지는 경우에는, 구태여 그 원형과 결부시켜 준 과정의 형태를 밝힐 필요가 없다는 견해에서, 소리 나는 대로 '잖, 찮'으로 적기로 한 것이다.

예를 들면, 편하지 않고 거북함을 이르는 우리 속담 중 '만만잖기는 사돈집 안방'이라는 말이 있다. 이처럼 '보통이 아니어서 손쉽게 다룰 수 없다'라는 뜻으로 '만만잖다'라는 표현을 자주 쓰는데, '만만찮다'로 써야 올바른 표현이다.

097
자동차 운전이 아직 '익숙치 않다/익숙지 않다.'

한글맞춤법 40항은 "'어간의 끝음절 '하'의 'ㅏ'가 줄고 'ㅎ'이 다음 음절의 첫소리와 어울려 거센 소리로 될 적에는 거센소리로 적는다." 라고 하고, '붙임'에서 "어간의 끝음절 '하'가 아주 줄 적에는 준 대로 적는다."라고 규정하였다. 이는 어간의 끝 음절 '하'가 아주 줄어진 형 태로 관용되고 있는 형식을 말하는데, 'ㄱ, ㅅ, ㅂ' 등의 안울림소리 받침 뒤에서 주로 실현된다.

새로운 물건을 사용할 때나 새로 일을 시작했을 경우, '어떤 일을 여러 번 해보지 않아 서투른 상태'를 말할 때, '익숙하지 않다'의 준말 인 '익숙치 않다'라는 표현을 쓴다. 그러나 '익숙지 않다'로 쓰는 것이 표준어이다.

예로는 '깨끗지 않다', '넉넉지 않다', '못지않다' 등과 같이 활용하여 쓰는 경우를 들 수 있다.

098
나는 '약속한대로/약속한 대로' 이행할 뿐이다.

한글맞춤법 제42항은 "의존 명사는 띄어 쓴다."라고 규정하고 있다.

의존 명사는 의미가 형식적이어서 다른 말 아래에 기대어 쓰이는 명사로 '것', '뿐', '지' 등이 있다. 또한 의미적 독립성은 없으나 다른 단어 뒤에 의존하여 명사적 기능을 담당하므로 하나의 단어로 다루고, 문장의 각 단어는 띄어 쓴다는 원칙에 따라 띄어 써야 하는 것이다.

위의 문장에서 '약속한대로'는 '약속한 대로'로 띄어 써야 올바른 표현이다. '약속한 대로'와 같은 경우, 용언 '약속하다'의 관형사형인 '약속한'에 '어떤 모양이나 상태와 같이'라는 뜻의 의존 명사 '대로'가 붙은 형태이다.

예로는 '웃을 뿐이다.', '그를 만난 지 한 달이 지났다.' 등과 같이 활용되는 경우가 있다.

099
그는 개인 병원에서 고용한 '약제사겸 사환/약제사 겸 사환'으로 일해 왔다.

한글맞춤법 제45항은 "말을 이어 주거나 열거할 적에 쓰이는 말늘은 띄어 쓴다."라고 규정하고 있다.

우리는 한 사람이 본래의 직무 외에 다른 직무를 더 맡을 때 '겸'이라는 단어를 사용하는데, '겸'은 '약제사 겸 사환'처럼 띄어 써야 한다.

100
그는 물려받은 재산을 도박으로 몽땅 '떨어먹었다/털어먹었다.'

표준어규정 제3항은 '다음 단어들은 거센소리를 가진 형태를 표준어로 삼는다.'라고 규정하고 있다.

우리가 흔히 '재산이나 돈을 함부로 써서 몽땅 없애다.'의 뜻으로 '떨어먹다'를 사용하는데, '털어먹다'로 써야 올바른 표현이다. '털어먹다' 이외에 표준어규정 제3항에 속하는 단어로는 '꼬나풀, 나팔꽃, 녘, 부엌' 등이 있다.

101
'까페/카페'에서 차를 마셨다.

'cafe'는 프랑스어로 '카페(café)'로 표기하여야 한다. 의미는 주로 커피나 음료, 술 또는 가벼운 서양 음식을 파는 집을 뜻한다. 그러나 '카페'는 우리말인 '술집' 또는 '찻집'으로 순화하여 사용하는 것이 좋겠다.

102
집 주변을 돌아다니는 '새앙쥐/생쥐'를 잡으려고 덫을 놓았다.

표준어규정 제14항은 '준말이 널리 쓰이고 본말이 잘 쓰이지 않는 경우에는, 준말만을 표준어로 삼는다.'라고 규정하였다. 이론적으로만 존재하거나 사전에서만 밝혀져 있을 뿐 현실 언어에서는 거의 쓰이지 않게 된 본말을 표준어에서 제거하고 준말만을 표준어로 삼은 것이다.

만화 '톰과 제리'에 등장하는 '제리'는 고양이와 천적 관계이며 치즈를 좋아하는 귀여운 '새앙쥐'의 대표적인 캐릭터이다. 또한 창고의 곡식을 갉아먹거나 집안을 돌아다니며 가구 등을 갉아놓는 주범으로 '새앙쥐'를 꼽기도 한다. 그러나 '생쥐'로 쓰는 것이 올바른 표현이다. 같은 예를 들면, '무우, 소리개' 등은 '무, 솔개' 등의 준말이 표준어로 규정되어 쓰이는 것이다.

103
영수는 뒷마당에서 장작을 '뽀개고/뻐개고' 있다.

표준어규정 제17항은 '비슷한 발음의 몇 형태가 쓰일 경우, 그 의미에 아무런 차이가 없고, 그중 하나가 더 널리 쓰이면, 그 한 형태만을 표준어로 삼는다.'라고 규정하고 있다.

이에 따라 딱딱한 물건을 두 쪽으로 나눌 때 쓰는 표현인 '뻐개다' 또는 '빠개다'가 표준어이다. 그 이유는 '뽀개다'보다는 '뻐개다' 또는 '빠개다'가 더 널리 쓰이기 때문에 표준어로 삼은 것이다.

'뻐개다'는 '크고 딴딴한 물건을 두 쪽으로 가르다.'라는 뜻이 있어 '그 단단한 돌을 맨손으로 뻐갠다는 것은 있을 수 없는 일이다.'와 같이 쓰이고, '빠개다'는 '작고 단단한 물건을 두 쪽으로 가르다.'라는 뜻으로 '나무판자를 빠개 아궁이 불에 던졌다.'처럼 쓰인다.

104
시장 어귀에 제철을 맞은 사과가 '수둑하게/수두룩하게' 쌓여있다.

표준어규정 15항은 '준말이 널리 쓰이고 있더라도, 본말이 널리 쓰이고 있으면 본말을 표준어로 삼는다.'고 규정하고 있다. 본말이 훨씬 널리 쓰이고 있고, 그에 대응되는 준말은 쓰이고 있다 하여도 그 세력이 극히 미미한 경우, 본말만을 표준어로 삼은 것이다.

가을철 시장에 가면 사과, 감 등을 높이 쌓아 놓고 파는 모습을 종종 볼 수 있는데, 이를 보고 매우 많고 흔하다는 뜻으로 '수둑하게 쌓였다'라는 표현을 자주 쓴다. 이는 '수두룩하다'로 써야 올바른 표현이다. '수두룩하다'의 준말인 '수둑하다'는 그 쓰임이 미약하여 '수두룩하다'만을 표준어로 삼은 것이다.

105
지난 여름에 다친 무릎의 상처가 '진물렀다/짓물렀다.'

표준어규정 17항은 '비슷한 발음의 몇 형태가 쓰일 경우, 그 의미에 아무런 차이가 없고 그 중 하나가 더 널리 쓰이면, 그 한 형태만을 표준어로 삼는다.'라고 규정하였다. 단어를 발음할 때 생기는 약간의 발음 차이로 두 형태, 또는 그 이상의 형태가 쓰이는 것들에서 더 일반적으로 쓰이는 형태 하나만을 표준어로 삼은 것이다.

이에 따라 상처 따위로 '살갗이 헐어서 문드러지다'라는 뜻의 '짓무르다'로 써야 올바른 표현이다. 예로는 '아궁지', '얌냠거리다'는 '아궁이', '냠냠거리다'로 써야 올바른 표현이다.

대표적으로 '-습니다'는 종래 '-읍니다, -습니다' 두 가지로 적고 '-습니다' 쪽이 더 깍듯한 표현이라고 해 왔으나, 이 규정에서는 '-읍니다'와 '-습니다' 사이의 그러한 의미차가 확연하지 않고 일반 구어에서 '-습니다'가 훨씬 널리 쓰인다고 판단하여 '-습니다'를 표준어로 정한 것이다.

106
구렁이가 '또아리/똬리'를 틀고 있다.

표준어규정 제14항은 "준말이 널리 쓰이고 본말이 잘 쓰이지 않는 경우에는, 준말만을 표준어로 삼는다."라고 하여 현실 언어에서 거의 쓰이지 않는 본말을 제거하고 준말만을 표준어로 하고 있다.

따라서 둥글게 빙빙 틀어 놓은 것이나 그런 모양을 뜻하는 '똬리'로 고쳐 써야 올바른 표현이다. 또다른 예로는 '귀찮다', '김', '무' 등이 있다.

107
그는 노래를 '영판/아주' 잘 부른다.

표준어규정 제25항은 '의미가 똑같은 형태가 몇 가지 있을 경우, 그 중 어느 하나가 압도적으로 널리 쓰이면, 그 단어만을 표준어로 삼는다.'라고 규정하고 있다.

이에 따라 '그는 노래를 영판 잘 부른다.'에서 '영판'은 '아주'로 고쳐 써야 올바른 표현이다. '아주'는 형용사 또는 상태의 뜻을 나타내는 일부 동사나 명사 앞에 쓰여 '보통 정도보다 훨씬 더 넘어선 상태로'라는 뜻이다. 예를 들면 '아주 오랜 옛날', '이번 시험 문제는 아주 쉽다.' 등과 같은 것이 있다.

108
정아는 선생님의 질문에 대하여 하나도 '빠치지/빠뜨리지' 않고 다 이야기 했다.

표준어규정 제25항은 '의미가 똑같은 형태가 몇 가지 있을 경우, 그 중 어느 하나가 압도적으로 널리 쓰이면, 그 단어만을 표준어로 삼는다.'라고 정의하고 있다. 즉, 복수 표준어로 인정하는 것이 국어를 풍부하게 하기보다는 혼란을 야기한다는 판단에서 어느 한 형태만을 표준어로 삼게 된 것이다.

우리는 갑작스러운 질문에 대한 답을 이야기 할 때 당황하여 중요한 이야기를 빼 놓고 답을 하는 경우가 있다. 이처럼 무엇을 '빼어 놓아 버리다'라는 뜻으로 쓰는 '빠뜨리다'로 써야 올바른 표현이다.

이와 비슷하게 표준어규정 제17항은 '비슷한 발음의 몇 형태가 쓰일 경우, 그 의미에 아무런 차이가 없고 그중 하나가 더 널리 쓰이면, 그 한 형태만을 표준어로 삼는다.'라고 규정하였다. 이는 발음상으로 기원을 같이하는 단어를 다룬 것이고, 제25항에서는 어원을 달리하는 언어들을 다룬 것이다.

109
'닝큼/ 큼' 일어나지 못하겠느냐?

표준발음법 제5항 다만 3, 4에서는 "'ㅢ'의 단모음화 현상을 인정하여 자음을 첫소리로 가지고 있는 음절의 'ㅢ'는 [ㅣ]로 발음하고, 단어의 첫 음절 이외의 '의'는 [이]로, 조사 '의'는 [에]로 발음할 수 있다."라고 규정하고 있다.

반면에 한글맞춤법 제9항은 "'의'나, 자음을 첫소리로 가지고 있는 음절의 'ㅢ'는 'ㅣ'로 소리 나는 경우가 있더라도 'ㅢ'로 적는다."라고 규정하고 있다.

이에 따라 '머뭇거리지 않고 단번에 빨리'라는 뜻의 '닝큼'으로 써야 올바른 표현이다. '닝큼'과 유사한 단어로 '머뭇거리지 않고 가볍게 빨리'라는 뜻의 '냉큼'이 있다.

110
낙엽이 '한잎두잎/한잎 두잎' 떨어지는 것을 보니 곧 겨울이 오겠구나!

우리는 계절의 변화에 대해 나무의 모습을 보고 느끼기 쉽다. 가을이 막바지에 이르면 단풍이 들었던 낙엽들이 떨어지고 곧 앙상한 가지만이 남아 겨울을 맞이한다.

한글맞춤법 46항은 "단음절로 된 단어가 연이어 나타날 적에는 붙여 쓸 수 있다"라고 규정하고 있다. 글을 띄어 쓰는 것은 그 의미를 쉽게 파악할 수 있도록 하려는 데 목적이 있다. 그런데 한 음절로 이루어진 단어가 여럿 이어지는 경우, 모두 띄어 쓰면 기록하기에도 불편하고, 시각적 부담을 가중시킴으로써 독서 능률이 떨어질 염려가 있다. 이에 따라 원래는 단어별로 띄어 써야 하지만 좀 더 편리하고 능률적인 띄어쓰기 방법으로 '한 잎 두 잎'은 '한잎 두잎'과 같이 붙여 쓰는 것이 더욱 올바른 표현이다.

111
승민이는 잠에서 깰 때마다 '잠투세/잠투정'이 무척 심하다.

어린아이가 잠을 자려고 할 때나 잠이 깨었을 때 떼를 쓰며 우는 경우가 자주 있다. 이런 모습을 보고 "잠투세가 심하구나!"라고 표현하기도 하는데, '잠투세'는 '잠투정'으로 쓰는 것이 올바른 표현이다.

표준어규정 17항은 "비슷한 발음의 몇 형태가 쓰일 경우, 그 의미에 아무런 차이가 없고, 그 중 하나가 더 널리 쓰이면, 그 한 형태만을 표준으로 삼는다."라고 규정하고 있다. 이는 약간의 발음 차이로 두 형태, 또는 그 이상의 형태가 쓰이는 것들에서 더 일반적으로 쓰이는 형태 하나만을 표준으로 삼은 것이다.

112
영수가 들어오니 방안에서 '구린내/쿠린내'가 진동했다.

우리는 평소 똥이나 방귀 냄새와 같이 고약한 냄새가 날 때, "구린내가 난다." 혹은 "쿠린내가 난다."라는 두 가지 표현을 섞어서 쓴다. 하지만 둘 중 어느 것이 표준어인지를 묻는다면 아마도 구분하기가 어려울 것이다. 그만큼 두 단어 모두 널리 쓰는 표현으로 '구린내', '쿠린내'는 복수 표준어로 규정하고 있다.

표준어규정 19항은 "어감의 차이를 나타내는 단어 또는 발음이 비슷한 단어들이 다 같이 널리 쓰이는 경우에는, 그 모두를 표준어로 삼는다." 어감의 차이를 나타내는 단어들로 판단되어 복수 표준어로 인정한 경우이다. 이는 어감의 차이가 미미하며 모두가 널리 쓰이기 때문에 두 가지 모두를 표준어로 규정한 것이다.

113
'하이델베르그(Heidelberg[haidelbɛrk, -bɛrc])/하이델베르크' 성은 독일의 대표적인 건축물이다.

독일은 건축물이 아름답기로 소문이 나 있어서 매년 수많은 관광객들이 찾는 나라 중 하나이다. 특히 유명한 고딕양식의 건축물 중 '하이델베르그(Heidelberg[haidelbɛrk, -bɛrc]) 성'이 있는데, '하이델베르크'로 쓰는 것이 올바른 표현이다.

외래어 표기법의 표기세칙 2절 독일어의 표기 3항은 "철자 'berg', 'burg'는 '베르크', '부르크'로 통일해서 적는다."라고 규정하고 있다. 이에 따라 '하이델베르그'는 철자 'berg'로 끝나는 단어이므로 외래어 표기법에 의거해 '하이델베르크'로 쓰는 것이 올바른 표현이다. 유사한 예로는 '함부르크(Hamburg[hamburk, -burc])'가 있다.

114
네가 흘린 과자 '부스럭지/부스러기'를 다 치우거라.

과자를 먹고 난 자리를 보면 과자 조각들이 당연하게 주변에 떨어져 있는 것을 발견할 수 있다. 보통 어르신들이 이를 보고 "과자 부스럭지 좀 치워라."라고 말하는 경우가 있는데, '부스럭지'는 '부스러기'로 써야 올바른 표현이다.

표준어규정 25항은 "의미가 똑같은 형태가 몇 가지 있을 경우, 그중 어느 하나가 압도적으로 널리 쓰이면, 그 단어만을 표준어로 삼는다."라고 규정하고 있다. 이는 의미가 똑같은 형태 모두를 복수 표준어로 인정하는 것이 국어를 풍부하게 하기보다는 혼란을 야기한다는 판단에서 어느 한 형태만을 표준어로 삼은 것이다. 이에 따라 '부스러지'와 '부스러기' 중 사람들이 훨씬 널리 알고 압도적으로 사용하고 있는 '부스러기'를 표준어로 정한 것이다.

115
할머니는 감자를 캐서 '망태/망태기'에 담았다.

주로 가는 새끼나 노 따위로 엮거나 그물처럼 떠서 성기게 만든 그릇으로 물건을 담아 들거나 어깨에 메고 다닐 수 있는 것을 주로 '망태기'라고 부른다. 그러나 이를 줄인 말로 '망태'라고 표현하기도 하는데 이 두 가지 모두 표준어이다.

표준어규정 16항은 "준말과 본말이 다 같이 널리 쓰이면서 준말의 효용이 뚜렷이 인정되는 것은, 두 가지를 다 표준어로 삼는다."라고 규정하고 있다. 이는 본말과 준말을 함께 표준어로 삼은 단어로 두 형태가 다 널리 쓰이는 것들이어서 어느 하나를 버릴 이유가 없다고 판단한 것이다.

116
'막론(莫論)'의 발음 표기는?

이것저것 따지고 가려 말하지 않고 정리하여 말할 때, '~을 막론하고'와 같은 표현을 자주 쓰며 [막논]과 같이 발음한다. 그러나 이는 [망논]으로 발음하는 것이 올바른 표현이다.

표준발음법 19항은 "받침 'ㅁ, ㅇ' 뒤에 연결되는 'ㄹ'은 [ㄴ]으로 발음한다"라고 규정하고 '붙임'에서 "받침 'ㄱ, ㅂ' 뒤에 연결되는 'ㄹ'

도 [ㄴ]으로 발음한다."라고 규정하고 있다. 이에 따라 '막론'은 받침 'ㄱ' 뒤에 'ㄹ'이 연결된 경우로 [ㄴ]으로 발음되는데, 그 [ㄴ] 때문에 'ㄱ, ㅂ'은 다시 [ㅇ, ㅁ]으로 역행 동화되어 발음되는 것이다.

117
나는 '지난밤/간밤'에 한숨도 자지 못했다.

우리는 평소 '바로 어젯밤'이라는 뜻으로 '간밤' 또는 '지난밤'의 두 가지 표현을 자주 쓴다. 그러나 두 가지 단어 중 어느 것이 표준어이 냐를 따진다면 너무 자주 쓰는 표현이기 때문에 헷갈릴 수밖에 없다. 그러나 두 단어는 복수표준어로 모두 올바른 표현이다.
표준어 규정 26항은 "한 가지 의미를 나타내는 형태 몇 가지가 널리 쓰이며 표준어 규정에 맞으면, 그 모두를 표준어로 삼는다."라고 규정하고 있다. '간밤', '지난밤'은 쓰임의 빈도가 거의 같을 정도로 모두 널리 쓰이는 표현이다.

118
영수는 '건넌마을/건넛마을'에 사는 희진이와 함께 학교에 간다.

마을과 마을끼리 마주보고 있는 마을을 가리켜 '건넌마을에 다녀왔지.'와 같이 '건넌마을'이라는 표현을 자주 쓴다. 그러나 '건넛마을'로 쓰는 것이 올바른 표현이다. 표준어규정 17항은 "비슷한 발음의 몇 형태가 쓰일 경우, 그 의미에 아무런 차이가 없고 그 중 하나가 더 널리 쓰이면, 그 한 형태만을 표준어로 삼는다."라고 규정하고 있다. 이는 약간의 발음 차이를 가지고 쓰이는 두 형태 또는 그 이상의 형태들에서 더 일반적으로 쓰이는 형태 하나만을 표준어로 삼은 것이다.

119
혜영이의 몸매는 '호듯하지만/가냘프지만' 운동으로 다져져 강단이 있다.

주로 여성들의 몸매를 이야기 할 때, '몸이나 팔다리 따위가 몹시 가늘고 연약하다'는 뜻으로 '호듯하다'라는 표현을 자주 쓴다. 그러나 '가냘프다'로 쓰는 것이 올바른 표현이다.

표준어규정 25항은 "의미가 똑같은 형태가 몇 가지 있을 경우, 그 중 어느 하나가 압도적으로 널리 쓰이면, 그 단어만을 표준어로 삼는다."라고 규정하고 있다. 이는 두 가지 모두를 복수 표준어로 삼을 경우 단어를 풍부하게 하기 보다는 혼란을 줄 우려가 있으므로 둘 중 더 널리 쓰이는 '가냘프다'만을 표준어로 규정한 것이다. 이에 따라 '호듯하다', '간엷다' 등은 비표준어이므로 '가냘프다'를 써야 올바른 표현이다.

120
미국에 '간지/간 지' 1년이 되었다.

'간지 1년이다'는 '가다' 어간에 관형사형 어미 'ㄴ'이 붙어 '간'이 된 형태이다. 또한 '지'는 "어미 '-은' 뒤에 쓰여 어떤 일이 있었던 때로부터 지금까지의 동안"을 나타내는 의존 명사이다. 따라서 '간 지 1년이다.'라고 써야 올바른 표현이다.

121
갑자기 쏟아진 비로 겉옷이 '흥건이/흥건히' 젖었다.

평소 물이 고인 모습이나 옷이 젖었을 때, '물 따위가 푹 잠기거나 고일 정도로 많다.'라는 뜻으로 '흥건이 젖었다.', '흥건이 고인 물' 등의 표현을 쓴다. 그러나 '흥건히'로 쓰는 것이 올바른 표현이다.

한글맞춤법 51항은 "부사의 끝음절이 분명히 '이'로만 나는 것은 '-이'로 적고, '히'로만 나거나 '이'나 '히'로 나는 것은 '히-'로 적는다"라고 규정하고 있다. 또한 25항에서 문법적인 사항으로 '-하다'가 붙는 어근(단, 'ㅅ' 받침 제외)에 '-히'나 '-이'가 붙는 경우를 따로 규정해 놓고 있다.

이에 따라 주로 발음상 '히'와 '이'의 구분이 확실하지 않기 때문에 '흥건히'를 '흥건이'로 잘못 쓰는 경우가 많은데 '흥건하다'는 '흥건히'로 적는 것이 올바른 표현이다.

122
봄에 호박을 심기 전에 싹을 '티웠다/틔웠다.'

봄을 상징하는 것 중 단연 최고라고 할 수 있는 것은 아마도 씨, 줄기, 뿌리 따위에서 처음 돋아나는 어린잎이나 줄기를 이르는 '새싹'이라는 말일 것이다. 이처럼 싹이 잘 돋아나게 하기 위해 작물을 심기 전에 미리 '싹을 티우다.'라는 표현을 자주 쓰는데, '싹을 틔우다.'로 쓰는 것이 올바른 표현이다.

한글맞춤법 9항은 "'의'나, 자음을 첫소리로 가지고 있는 음절의 'ㅢ'는 'ㅣ'로 소리나는 경우가 있더라도 'ㅢ'로 적는다."라고 규정하고 있다.

이는 자음이 첫소리로 오는 'ㅢ'를 발음 할 때, 'ㅣ'로 발음하는 경우가 많기 때문에 표기할 때 혼동을 겪지 않게 하기 위해 따로 규정해 놓은 것이다.

123
그 아이는 노래를 듣자마자 '담박에/단박에' 누구의 목소린지 알았다.

요즘은 '신동'이라는 이름으로 불리는 아이들을 쉽게 볼 수 있다. 특히 음악이나 목소리를 듣고 그 자리에서 바로 가수의 이름이나, 음을 맞히는 재주를 가진 아이들이 있다. 이처럼 그 자리에서 바로 어떤 일을 할 때, '담박에'라고 표현하는데, '단박에'로 쓰는 것이 올바른 표현이다.

표준어규정 17항은 "비슷한 발음의 몇 형태가 쓰일 경우, 그 의미에 아무런 차이가 없고 그 중 하나가 더 널리 쓰이면, 그 한 형태만을 표준어로 삼는다."라고 규정하고 있다. 이는 약간의 발음 차이로 쓰이는 두 형태 또는 그 이상의 형태들에서 더 일반적으로 쓰이는 형태 하나만을 표준어로 삼은 것이다.

124
아이들은 나를 보자 '수근거리며/수군거리며' 낄낄거렸다.

말을 할 때, '남이 알아듣지 못하도록 낮은 목소리로 자꾸 가만가만 이야기하다.'라는 뜻으로 '수근거리다' 또는 '수근대다'라는 표현을 자주 쓴다. 그러나 '수군거리다'로 써야 올바른 표현이다.

표준어규정 8항은 "양성모음이 음성모음으로 바뀌어 굳어진 다음 단어는 음성모음 형태를 표준어로 삼는다."라고 규정하고 있다. 우리 국어의 모음조화 규칙에 따라서 이러한 모음의 변화를 인정하지 않았는데, 점차 이 규칙이 무너지게 됐고, 점점 약해지고 있는 점을 고려해 현실 발음, 곧 음성 모음화 현상을 인정하게 된 것이다.

125
나는 끓어오르는 '부하/부아'를 꾹 참았다.

우리는 때때로 어떤 일에서 노엽거나 분한 마음을 느낄 때가 있는데, 이 때, '부하가 나다.', '부하를 돋우다.' 등의 표현을 자주 쓴다. 그러나 '부아'로 쓰는 것이 올바른 표현이다.

표준어 규정 17항에서는, "발음이 비슷한 형태 여럿이 아무런 의미 차이가 없이 함께 쓰일 때에는, 그 중 널리 쓰이는 한 가지 형태만을 표준어로 삼는다."라고 규정하고 있다. 곧 복수 표준어로 인정하면 오히려 혼란을 일으키기 쉽다고 보아서 단수 표준어로 처리하는 것이다.

126
철기는 필요 없는 장난감을 사달라고 '어거지/억지'를 부렸다.

어린 시절 누구나 한번쯤은 어머니에게 매우 비싸거나 필요가 없는 장난감 등을 사달라고 졸라본 적이 있을 것이다. 이처럼 '잘 안될 일을 무리하게 기어이 해내려는 고집'을 부린다는 뜻으로 '어거지를 부리다.'라고 표현하는데, '억지'로 쓰는 것이 올바른 표현이다.

표준어규정 25항은 "의미가 똑같은 형태가 몇 가지 있을 경우, 그 중 어느 하나가 압도적으로 널리 쓰이면, 그 단어만을 표준어로 삼는다."라고 규정하고 있다. '억지'와 '어거지'가 모두 쓰이긴 하지만 더욱 널리 쓰이는 '억지'만을 표준어로 규정한 것이다.

127
봄기운이 담긴 맑은 공기를 '흠신/흠씬' 들이마셨다.

봄이 오면 모든 기운이 생동하고 자연스레 포근함이 가득 찬 느낌을 갖게 된다. 이처럼 아주 꽉 차고도 남을 만큼 넉넉한 상태를 표현할 때, '봄 향기가 흠신 풍기다.', '봄 향기가 흠신 난다.'라는 표현을 쓴다. 그러나 '흠씬'으로 쓰는 것이 올바른 표현이다.

한글맞춤법 5항은 "한 단어 안에서 뚜렷한 까닭 없이 나는 된소리는 다음 음절의 첫소리를 된소리로 적는다."라고 규정하고 한 단어 안에서 'ㄴ, ㄹ, ㅁ, ㅇ' 받침 뒤에서 나는 된소리'는 된소리로 적도록 규정했다. 이에 따라 'ㅁ' 뒤에 오는 'ㅅ'은 된소리고 적는 것이 올바른 표현으로 '흠씬'으로 써야 한다. 같은 예로는 '잔뜩', '살짝', '훨씬' 등이 있다.

128
태영이는 음료수를 벌컥벌컥 마신 뒤에 캔을 '쭈글어트리더니/ 쭈그러트리더니' 홱 던져 버렸다.

날씨가 점점 더워짐에 따라 음료수를 찾는 사람들이 늘어났다. 캔 음료를 마시는 사람들 중 캔을 그냥 놔두지 못하고 꼭 누르거나 우그려 부피를 작아지게 하는 버릇을 가진 사람들이 많다. 이때 '캔을 쭈글어트리다'라고 표현하는데, '쭈그러트리다'로 쓰는 것이 올바른 표현이다.

한글맞춤법 15항 '붙임1'은 "두 개의 용언이 어울려 한 개의 용언이 될 적에, 앞말의 본뜻이 유지되고 있는 것은 그 원형을 밝히어 적는다. 그러나 그 본뜻에서 멀어진 것은 소리 나는 대로 적는다."라고 규정하고 있다. 예를 들어 '돌아가다, 엎어지다' 등은 '돌다/가다', '엎다/지다'로 분석할 수 있지만 '쭈그러트리다'는 '쭈글다/트리다'로 분석되지 않으므로 소리 나는 대로 적는 것이다.

129
'녹슬은/녹슨' 삼팔선을 누가 보았나?

'녹슬은 삼팔선'에서 '녹슬은'은 '녹'과 '슬다'의 합성어이다. 이 문장에서는 '녹슬다'가 '삼팔선'을 꾸미는 역할을 하기 때문에 '녹슬다'에서 '슬다'의 어간 '슬'에 '받침 없는 동사 어간, 'ㄹ' 받침인 동사 어간 또는 어미 '-으시-' 뒤에 붙어 앞말이 관형어 구실을 하게 하고, 사건이나 행위가 과거 또는 말하는 이가 상정한 기준 시점보다 과거에 일어남을 나타내는 어미'인 'ㄴ'이 붙어 '녹슨'으로 써야 한다. 따라서 '녹슨 삼팔선'이라고 해야 올바른 표현이다.

130
그는 '지난 주/지난주'에 우연히 길에서 친구를 만났다.

우리는 평소 '시간이 흘러 과거가 되다.'라는 표현으로 '지나다'를 자주 쓰며, '이 주의 바로 앞의 주'를 이야기 할 때도 '지난 주'와 같이 표현한다. 그러나 '지난주'로 붙여 쓰는 것이 올바른 표현이다.

한글맞춤법 2항은 "문장의 각 단어는 띄어 씀을 원칙으로 한다."라고 규정하고 있다. 그러나 흔히 '지난 주'는 '지나다'에 관형사형 어미 'ㄴ'을 붙여 '이 주의 바로 앞의 주'를 뜻하는 것이라 생각하여 띄어쓰기 쉬운데 '지난주'는 한 단어 이므로 붙여 써야 하는 것이다.

예로는 '지난밤', '지난번', '지난해' 등도 모두 붙여 쓰는 것이 올바른 표현이다.

131
'알은척/알은체'를 한다.

'알은체'로 쓰는 것이 올바른 표현이다. '아는 체하다'는 '알지 못하면서 알고 있는 듯한 태도를 취하다.'는 뜻으로 사용한다. 이와 달리 '알은체하다'는 '어떤 일에 관심을 가지는 듯한 태도를 보이다.' 또는 '사람을 보고 인사하는 표정을 짓다.'는 뜻으로 쓰는 말이다. 이에 따라 두 표현은 서로 다른 뜻으로 쓰이기 때문에 올바르게 구분하여 사용해야 한다.

132
우스갯소리 잘하는 '재담군/재담꾼'이 만담 시간에 익살을 부렸다.

우리는 평소 익살과 재치를 부리며 재미있게 이야기하거나 또는 그런 말을 하는 사람으로서 재담하는 것을 직업으로 하거나 재담을 살하는 사람을 '재담군'이라 부른다. 그러나 '재담꾼'으로 써야 올바른 표현이다.

한글맞춤법 54에서 '-꾼'의 어원은 '-군'이라 할 수 있는데, 이미 '-꾼'의 형태로 굳어졌으므로 '-꾼'으로 통일하여 적도록 하였다. '재담꾼'에서의 '-꾼'은 '어떤 일을 능숙하게 잘하거나 즐거움으로 삼는 사람임을 나타내는 말'로 한글맞춤법에 따라 된소리 접미사를 사용하여 '재담꾼'으로 쓰는 것이 올바른 표현이다.

133
혜수는 '가마잡잡한/가무잡잡한' 얼굴이 아주 매력적이다.

평소 다른 사람에 비해 얼굴 빛깔이 유난히 검은 사람들을 보고 '얼굴이 참 가마잡잡하구나.'라는 표현을 자주 쓴다. 그러나 '가무잡잡하다'로 쓰는 것이 올바른 표현이다.

표준어규정 17항은 "비슷한 발음의 몇 형태가 쓰일 경우, 그 의미에 아무런 차이가 없고 그중 하나가 더 널리 쓰이면, 그 한 형태만을 표준어로 삼는다."라고 규정하고 있다. 이는 약간의 발음 차이로 쓰이는 두 형태 또는 그 이상의 형태들에서 더 일반적으로 쓰이는 형태 하나만을 표준어로 삼은 것이다.

피부색을 이야기 할 때, '약간 짙게 가무스름하다'라고 표현할 때에는 이와 같은 규정에 유의하여 '가무잡잡한 피부색'으로 올바르게 써야 한다.

134
'못하다/못 하다'의 차이는?

'못'은 '동사가 나타내는 동작을 할 수 없다거나, 상태가 이루어지지 않았다는 부정의 뜻을 나타내는 부정부사'로 일반적으로 서술어 앞에서 서술어를 꾸며 주며 띄어 쓰게 된다. 그런데, '하다'라는 서술어가 올 경우에는 '못'과 '하다'가 하나의 합성어로 굳어져 뜻이 변한 경우는 붙여 쓰고, 그렇지 않은 경우는 다른 서술어처럼 띄어 써야 한다.

135
봄이 되니, '골짜기/골짝'마다 흐르는 시냇물 소리가 아름답다.

요즘은 등산을 하기 아주 좋은 계절로 많은 사람들이 산으로 모여들고 있다. 특히 겨울에 얼어있던 산과 산 사이의 골짜기에서 흐르는 시냇물 소리는 산을 찾는 사람들의 마음을 더욱 맑게 해 준다. 이 때, '산과 산 사이의 움푹 패어 들어간 곳'을 가리키는 말로 '골짜기', '골짝' 등의 표현을 자주 쓰는데 이는 두 가지 모두 표준어이다.

표준어규정 16항은 "준말과 본말이 다 같이 널리 쓰이면서 준말의 효용이 뚜렷이 인정되는 것은, 두 가지를 다 표준어로 삼는다"라고 규정하고 있다. 예로는 '거짓부리/거짓불, 막대기/막대, 이기죽거리다/

이죽거리다, 외우다/외다, 찌꺼기/찌끼' 등이 있다.

136
어디선가 아이들이 '왁짜하게/왁자하게' 떠드는 소리가 들린다.

방과 후 학교 앞은 언제나 아이들이 떠드는 소리로 가득하다. 이처럼 정신이 어지러울 만큼 떠들썩한 모습을 보고 '왁짜하다'라는 표현을 자주 쓴다.

한글맞춤법 3항은 "한 단어 안에서 뚜렷한 까닭 없이 나는 된소리는 다음 음절의 첫소리를 된소리로 적는다."라고 규정하고 '다만'에서 "'ㄱ, ㅂ' 받침 뒤에서 나는 된소리는, 같은 음질이나 비슷한 음절이 겹쳐 나는 경우가 아니면 된소리로 적지 아니한다."라고 규정하였다.

이에 따라 '왁짜하다'는 'ㄱ' 받침 뒤에서 나는 된소리를 적용한 것인데 같은 음절이나 비슷한 음절이 겹쳐 나는 경우가 아니므로 '왁자하다'로 쓰는 것이 올바른 표현이다.

137
봄이 되니 '꺽꽂이/꺾꽂이' 해 두었던 나무에서 새싹이 돋았다.

봄은 만물이 생동하는 계절로 곳곳에서 피어나는 푸른 새싹이 매우 아름다운 계절이다. 특히 화초 기르기를 좋아하는 사람들은 식물의 가지, 줄기, 잎 따위를 자르거나 꺾어 흙 속에 꽂아 두어 봄이 되면 잘 자랄 수 있도록 햇볕에 놔두는 경우가 있다. 이처럼 식물을 키우는 방법을 '꺾꽂이'라고 한다.

한글맞춤법 27항은 "둘 이상의 단어가 어울리거나 접두사가 붙어서 이루어진 말은 각각 그 원형을 밝히어 적는다."라고 규정하고 있다. 이에 따라 '꺾꽂이'는 '꺾다'와 '꽂다'가 합쳐져 형성된 말이기 때문에 앞의 말의 원형을 그대로 밝혀 '꺾꽂이'로 쓰는 것이 올바른 표현이다.

138
어제 본 영화에서 갑자기 귀신이 나오는 바람에 얼마나 '놀랐든지/놀랐던지' 몰라!

평소 영화나 다른 매체들을 통해 간접 경험으로 또는 실제로 귀신을 보고 깜짝 놀라본 적이 있을 것이다. 이러한 경험을 타인에게 이야기 할 때 "내가 그때 얼마나 놀랐든지 몰라."와 같이 표현한다.

한글맞춤법 56항은 "-더라, -던'과 '-든지"에 대하여 "지난 일을 나타내는 어미는 '-더라, -던'으로 적는다"라고 규정하고 있다. 위의 경우 과거에 자신이 겪은 일은 타인에게 말하고 있는 상황으로 지난 일을 나타낸 것이다. 이에 따라 '놀랐든지'는 '-던'을 사용하여 '놀랐던지'로 쓰는 것이 올바른 표현이다.

139
촛불을 '키셨나요/켜셨나요.'

'촛불을 키셨나요'에서 '키셨나요'가 올바르지 못한 표현이다. '등, 전등, 양초 따위에 불을 밝히거나 성냥 따위로 불을 일으키다.'라는 의미의 동사는 '켜다'이다. '키다'는 '켜다'의 충청도 방언 또는 '키이다'의 준말로 '마음에 들거나 내키다.'라는 의미를 가지고 있다. 따라서 '촛불을 켜셨나요.'라고 해야 올바른 표현이다.

140
감기로 며칠을 앓더니 '꼬창이/꼬챙이'처럼 말랐구나!

우리는 평소 살이 빠져 야윈 모습을 보고 "꼬창이처럼 말랐구나!"라는 표현을 자주 쓴다.

표준어규정 9항은 'ㅣ' 역행 동화 현상에 의한 발음은 원칙적으로 표준 발음으로 인정하지 않고 있다. 하지만 "다만 다음 단어들은 그러한 동화가 적용된 형태를 표준어로 삼는다."라고 규정하여 예외의 단어들을 두고 있다. '꼬창이'는 이러한 예외 규정에 따라 더욱 널리 쓰이는 말인 '꼬챙이'를 표준어로 삼은 것이다.

141
비 '개인/갠' 뒤에 하늘이 맑다.

비가 온 다음날 하늘을 보면 유난히 맑은 것 같다는 생각이 들 때가 많을 것이다. 이처럼 '흐리거나 궂은 날씨가 맑아지다.'라는 뜻으로 '비가 개이다.'라고 표현하는데 '비가 개다.'라고 쓰는 것이 올바른 표현이다.

표준어규정 25항은 '의미가 똑같은 형태가 몇 가지 있을 경우, 그중 어느 하나가 압도적으로 널리 쓰이면, 그 단어만을 표준어로 삼는다.'라고 규정하고 있다. 25항은 단수 표준어를 규정한 것이다. 즉, 복수 표준어로 인정하는 것이 국어를 풍부하게 하기보다는 혼란을 일으킨다는 판단에서 어느 한 형태만을 표준어로 삼은 것이다.

142
누룽지가 밥솥 바닥에 '눌러붙어/눌어붙어' 떨어지지 않는다.

전기밥솥이 아닌 솥에 밥을 해 먹을 때 누룽지를 먹을 수 있는 것이 가장 큰 장점이라고 할 수 있다. 솥 바닥이 달구어 지면서 밥이 되는 과정에서 뜨거운 바닥에 조금 밥이 타서 붙은 것을 보고 '밥이 눌러붙었다'와 같이 표현한다. 그러나 '눌어붙다'로 쓰는 것이 올바른 표현이다.

표준어규정 17항은 '비슷한 발음 및 형태가 쓰일 경우 그 의미에 아무런 차이가 없고 그 중 하나가 널리 쓰이면 그 한 형태만을 표준어로 삼는다.'라고 규정하고 있다. 25항과 같이 단수표준어를 규정한 것으로 약간의 발음 차이로 쓰이는 두 형태 또는 그 이상의 형태들에서 더 일반적으로 쓰이는 형태 하나만을 표준어로 삼은 것이다.

143
그는 하는 일 없이 '놈팽이/놈팡이'처럼 빈둥거리며 돌아다녔다.

요즘 일자리를 구하는 것이 매우 어려운 일이 되었다. 또한 계속 이어지는 실업으로 직업이 없어 힘들어 하는 사람들도 많아졌다. 이처럼 직업이 없이 빌빌거리며 노는 사내를 낮잡아 이르는 말로 '놈팽이'라는 말을 자주 쓰는데, '놈팡이'로 쓰는 것이 올바른 표현이다.

표준어 규정 9항은 "ㅣ' 역행동화 현상에 의한 발음은 원칙적으로 표준 발음으로 인정하지 않는다.'라고 규정하고 있다. 'ㅣ' 역행동화 현상은 뒤에 오는 'ㅣ' 모음의 영향을 받아 역으로 앞에 모음에 'ㅣ' 모음이 추가되어 이중모음화가 이루어지는 것이다. 'ㅣ' 역행 동화는 전국적으로 매우 일반화되어 있는 현상이나, 대부분 주의해서 발음하면 피할 수 있는 발음이다.

144
체구가 작다고 그를 '수이/쉬이'보았다가는 큰코다친다.

우리는 보통 사람이나, 물건 등에 대해 겉모습만을 보고 성격을 판단하는 경우가 많다. 특히 남자들끼리 외모를 판단할 때, 겉모습이 키가 작고 체구가 작아 힘이 없을 거라고 생각하여 가볍게 또는 쉽게 보다가 큰코다치는 일이 있다. 이렇게 사람을 가볍게 보는 모습을 '수이보다'라고 표현하는데, '쉬이보다'로 쓰는 것이 올바른 표현이다.

표준어 규정 8항은 "양성모음이 음성모음으로 바뀌어 굳어진 다음 단어는 음성모음 형태를 표준어로 삼는다."라고 규정하고 있다. 지금까지는 우리 국어에 모음조화 규칙이 있다고 보고 이러한 모음의 변화를 인정하지 않았었는데 그 동안 이 규칙은 많이 무너졌고, 현재에도 더 약해지고 있는 점을 고려하여 현실 발음, 곧 음성 모음화 현상을 인정하는 것이다.

145
날씨가 맑으니 강을 너머 산까지 '훤이/훤히' 보이는구나!

날씨가 맑은 날은 시야가 확보되어 멀리 있는 아름다운 경치까지 매우 잘 볼 수 있다. 이러한 경치를 구경할 때 '멀리까지 훤이 보이는 구나!'라고 표현하는데, 이 때 '앞이 탁 트여 매우 넓고 시원스럽다.'라는 뜻으로 '훤이'라고 표현한다. 그러나 '훤히'로 쓰는 것이 올바른 표현이다.

한글맞춤법 51항은 '부사의 끝음절이 분명히 '이'로만 나는 것은 '-이'로 적고, '히'로만 나거나 '이'나 '히'로 나는 것은 '히-'로 적는다.'라고 규정하고 있다. 일반적으로 모음과 모음 사이 또는 유성 자음(유음, 비음)과 모음 사이에서는 'ㅎ'이 약화되므로 [이]와 [히]의 발음을 구별하기가 어려워지기 때문에 발음에만 의존할 때에는 '고이, 헛되이, 일일이' 등이 '고히, 헛되히, 일일히'로 잘못 적힐 수 있는 문제점이 있다. 따라서 '이'와 '히'의 구별에 대해 한글맞춤법에 규정해 놓은 것을 참고하여 '이'로만 나는 것과 '히'로만 나는 것을 구별하여 올바르게 써야 한다.

146
'조기국/조깃국'을 끓일 때는 미나리를 함께 넣는 것이 맛있다.

조기는 우리에게 매우 친숙한 생선으로 민어과의 보구치, 수조기, 참조기 따위를 통틀어 이르는 말이다. 조기로 할 수 있는 음식은 매운탕, 구이, 조림 등 매우 다양한 데, 특히 조기를 넣고 끓인 국이 인기가 많다. 이를 일컫는 말로 '조기국을 끓이다.'라고 표현하는데, '조깃국'으로 쓰는 것이 올바른 표현이다.

한글맞춤법 30항은 사이시옷에 대해 순 우리말로 된 합성어로서 앞말이 모음으로 끝난 경우 뒷말의 첫소리가 된소리로 나는 것은 사이시옷을 받치어 적도로 규정하고 있다. '조기'와 '국'이 합쳐져 형성된 단어인 '조깃국' 또한 앞말이 모음 'ㅣ'로 끝난 경우로 다음 소리 'ㄱ'이 된소리로 난다.

147
아이들이 '기뜩/기특'하게도 청소를 말끔히 해 놓았다.

나이가 어린 아이들에게 주로 쓰는 표현으로 말하는 것이나 행동하는 것이 신통하여 귀염성이 있을 때, '너 참 기뜩하구나!'라고 표현한다. 그러나 '기특하다'로 쓰는 것이 올바른 표현이다.

표준어규정 3항은 '거센소리를 가진 형태를 표준어로 삼는다'라고 규정하고 'ㄲ나풀', '나팔꽃' 등의 단어를 예로 들고 있다.

이는 평음과 된소리, 거센소리 중 거센소리를 가진 형태가 널리 쓰인다고 인정하여, 이들을 표준어로 삼은 규정이다.

148
'나즉한/나직한' 그의 목소리가 듣기 좋았다.

감미로운 목소리를 가진 남성 발라드 가수들의 가장 큰 매력으로 꼽는 것은 바로 굵으면서도 낮은 음성일 것이다. 이처럼 듣기 좋을 정도로 꽤 낮은 소리를 가리키는 표현으로 '목소리가 나즉하다'라고 표현하는데, '나직하다'로 쓰는 것이 올바른 표현이다.

표준어규정 17항은 '비슷한 발음의 몇 형태가 쓰일 경우, 그 의미에 아무런 차이가 없고 그 중 하나가 더 널리 쓰이면, 그 한 형태만을 표준어로 삼는다.'라고 규정하고 있다. '나직하다'가 '나즉하다'에 비해 널리 쓰이므로 '나직하다'를 표준어로 삼은 것이다.

이는 약간의 발음 차이로 쓰이는 두 형태 또는 그 이상의 형태들에서 더 일반적으로 쓰이는 형태 하나만을 표준어로 삼은 것으로 표준어 규정에 의거하여 올바르게 사용해야 한다.

149
몸이 착 '까부러/까부라'져서 일어날 수가 없구나.

몸의 활동량이 많은 운동이나 일을 하고 난 뒤에 몸을 가눌 수 없을 정도로 기운이 빠져 몸이 고부라지거나 생기가 없이 나른해지는 경우가 있다. 이와 같은 모습을 표현할 때, "몸이 까부러졌어!"와 같이 표현하는데, '까부라지다'로 쓰는 것이 올바른 표현이다.

표준어규정 17항은 '비슷한 발음의 몇 형태가 쓰일 경우, 그 의미에 아무런 차이가 없고 그 중 하나가 더 널리 쓰이면, 그 한 형태만을 표준어로 삼는다.'라고 규정하고 있다. '까부라지다'는 '높이나 부피 따위가 점점 줄어지다'의 의미도 있다.

150
그녀는 오늘따라 무척 '아름다워/아름다와' 보인다.

'아름다와'는 '아름다워'로 써야 올바른 표현이다. 어간 끝 음절의 모음이 'ㅏ, ㅗ'(양성 모음)일 때는 어미를 '아' 계열로 적고, 'ㅐ, ㅓ, ㅚ, ㅜ, ㅟ, ㅡ, ㅓ, ㅣ'(음성 모음)일 때는 '어' 계열로 적는다. 이것은 전통적인 형식으로서 모음조화(母音調和)의 규칙성에 따른 구별인데, 어미의 모음이 어간의 모음에 의해서 자동적으로 제약(制約)을 받는 현상이다.

한글맞춤법 제16항 어간의 끝음절 모음이 'ㅏ, ㅗ'일 때에는 어미를 '-아'로 적고, 그 밖의 모음일 때에는 '-어'로 적는다.

1. '-아'로 적는 경우
   나아, 나아도, 나아서, 막아, 막아도, 막아서, 얇아, 얇아도, 얇아서
   돌아, 돌아도, 돌아서, 보아, 보아도, 보아서

2. '-어'로 적는 경우
   개어, 개어도, 개어서, 겪어, 겪어도, 겪어서
   되어, 되어도, 되어서, 베어, 베어도, 베어서
   쉬어, 쉬어도, 쉬어서, 저어, 저어도, 저어서
   주어, 주어도, 주어서, 피어, 피어도, 피어서

151
산에 가서 '옷이/옻이' 올라 얼굴에 발진이 생겼다.

현대인들은 건강 유지를 위해 가까운 산에 등산을 하며 주말 시간을 운동으로 보내는 경우가 많다. 산에서 볼 수 있는 수많은 나무들

중에 살갖에 닿으면 독기가 생겨 발진 등을 유발하는 '옻나무'가 있다. 이처럼 '살갗에 옻의 독기가 생기다.'라는 뜻으로 '옻이 올랐어.'와 같이 표현하는데 '옻오르다'가 올바른 표현이다.

한글맞춤법 27항은 '둘 이상의 단어가 어울리거나 접두사가 붙어서 이루어진 말은 각각 그 원형을 밝히어 적는다.'라고 규정하고 있다. '부엌일, 꽃잎' 등과 같이 두 개의 단어가 어울려(부엌＋일, 꽃＋잎) 합성어를 이룬 단어의 경우 그 원형을 밝히어 적음을 원칙으로 하는데, 이는 그 뜻을 쉽게 파악하고자 하는 데 목적이 있다.

152
'setback[setbæk]'의 표기는?

'셑백'은 '셋백'으로 표기하여 한다. 외래어표기법 제1절 '영어의 표기에서 [표1]에 따라 적되, 다음 사항에 유의하여 적는다. 제1항 무성 파열음([p, t, k]) 2) 짧은 모음과 유음·비음([l, r, m, n]) 이외의 자음 사이에 오는 무성 파열음([p, t, k])은 받침으로 적는다.'라는 규정이다. 'setback[setbæk]'으로 적어야 바른 외래어표기이다.

153
동생에게 팔을 '꼬잡혀/꼬집혀' 멍이 들었다.

아이들과 장난을 칠 때, 자신이 불리한 경우 손가락이나 손톱으로 살을 집어서 뜯듯이 당기거나 비틀어 상처를 내는 경우가 있다. 이 때 '동생에게 꼬잡혔다.'와 같이 표현하는데, '꼬집혔다'로 쓰는 것이 올바른 표현이다.

표준어규정 17항은 '비슷한 발음의 몇 형태가 쓰일 경우, 그 의미에 아무런 차이가 없고 그 중 하나가 더 널리 쓰이면, 그 한 형태만을 표준어로 삼는다.'라고 규정하고 있다. 이는 약간의 발음 차이로 쓰이는 두 형태 또는 그 이상의 형태들에서 더 일반적으로 쓰이는 형태 하나만을 표준어로 삼은 것이다.

154
어머니께 용돈을 더 많이 '달래/달라'다가 혼만 났다.

부모님께 용돈을 받으며 생활하는 사람들에겐 일정한 양의 돈을 받아도 항상 부족하다고 느끼며 조금 더 주기를 바라곤 한다. 이처럼 말하는 이가 듣는 이에게 어떤 것을 주도록 요구할 때 쓰는 표현으로 '달래다'가 있는데, '달라다'로 쓰는 것이 올바른 표현이다.

표준어규정 11항은 8항 ~ 10항에서 모음 변화처럼 어느 한 현상으로 묶기 어려운 모음 변화에 의한 것들을 모은 항으로 '모음의 발음 변화를 인정해, 발음이 바뀌어 굳어진 형태를 표준어로 삼는다.'라고 규정하고 있다. '달라다'는 '달라고 하다'가 줄어든 말로 '달래다'로 쓰는 경우가 많다. 또한 이는 '슬퍼하거나 고통스러워하거나 흥분한 사람을 어르거나 타일러 기분을 가라앉히다.'와 같은 뜻으로 쓰는 '달래다'와 그 발음이 같아 혼동할 우려도 있으므로 '달라다'를 표준어로 규정한 것이다.

155
네가 준 사탕은 너무 '다달하더라/달달하더라/달콤하더라.'

우리는 평소 쓴 맛의 한약을 먹었을 때나, 매운 음식을 먹고 난 후에는 감칠맛이 있게 단 맛이 나는 사탕을 먹고 싶어 하는 경향이 있다. 이처럼 사탕이나, 과일처럼 단 맛이 나는 것을 일컫는 말로 '다달하다, 달달하다'와 같이 표현하는데, '달콤하다'로 쓰는 것이 올바른 표현이다.

표준어규정 25항은 '의미가 똑같은 형태가 몇 가지 있을 경우, 그 중 어느 하나가 압도적으로 널리 쓰이면, 그 단어만을 표준어로 삼는다.'라고 규정하고 있다. 우리가 일상생활에서 사용하는 단 맛을 표현하는 단어로 쓰이는 다양한 표현들 중 국어의 혼란을 방지하기 위해 가장 널리 쓰이는 한 형태를 표준어로 삼은 것이다.

156
이번 일로 민호는 '무경우한/무경위한' 사람임을 알게 되었다.

살아가면서 겪는 다양한 문제들에서 옳고 그름을 판별하는 것은 매우 어려운 일이다. 특히 이런 상황에서 사리의 옳고 그름이나 이러하고 저러함에 대한 분별이 없는 사람을 보고 '무경우하다'라고 표현하는데, '무경위하다'로 쓰는 것이 올바른 표현이다.

표준어규정 17항은 '비슷한 발음의 몇 형태가 쓰일 경우, 그 의미에 아무런 차이가 없고 그 중 하나가 더 널리 쓰이면, 그 한 형태만을 표준어로 삼는다.'라고 규정하고 있다. 이는 발음상으로 기원을 같이하는 단어들 중 혼란을 피하기 위해 어느 한 형태만을 표준어로 규정한 것이다.

157
이번 세계 양궁 선수권 대회도 우리 선수들이 '독장칠/독판칠' 것이 확실하다.

스포츠, 댄스 등의 각종 대회에서 다른 선수들에 비해 자신의 역량을 충분히 발휘하여 판을 휩쓰는 선수들이 있다. 이러한 모습을 보고 "○○○ 선수 독장을 치는구나!/독판을 치는구나!"와 같이 이야기 하곤 한다.

표준어규정 26항은 "한 가지 의미를 나타내는 형태 몇 가지가 널리 쓰이며 표준어 규정에 맞으면, 그 모두를 표준어로 삼는다"라고 규정하고 있다. 이는 쓰임의 빈도에서 차이가 거의 없는 단어들을 모두 표준어로 인정한 것이다. 이에 따라 '어떠한 판을 혼자서 휩쓸다'라는 뜻이 있는 '독장치다'와 '독판치다'를 모두 표준어로 삼은 것으로 올바르게 써야 한다. 예로는 '극성떨다/극성부리다', '관계없다/상관없다' 등이 있다.

158
붉은 장미가 흐드러지게 '피어서/피여서' 아름다운 경치를 이뤘다.

여름이 되면서 담장 곳곳과 유원지 등에서 아름답게 활짝 피어 자태를 뽐내는 장미꽃을 볼 수 있다. 이처럼 꽃봉오리 따위가 벌어진 모습을 보고 '꽃이 피어 아름답다'라고 표현하는데, 이 때 '피어'는 [피어] 또는 [피여]로 그 발음을 헷갈려하는 경우가 많다.

표준발음법 22항은 "'피어, 되어' 등의 어미는 [어]로 발음함을 원칙으로 하되, [여]로 발음함도 허용한다."라고 규정하고 있다. 이는 모음으로 끝난 용언 어간에 모음으로 시작된 어미가 결합될 때 나타나는 모음 충돌에 대한 발음 규정이다. 이에 따라 '피어, 되어'는 각각 [피어], [되어]로 발음하는 것이 원칙이지만 모음 충돌을 피한 발음인 [피여], [되여] 또한 허용하므로 올바르게 써야 한다.

159
장맛비에 무너진 다리를 고치면서 '곁다리/곁다리'로 집도 손보았다.

우리는 평소 주가 되는 것이 아닌 '부수적인 것'이나 '당사자가 아닌 주변의 사람'을 가리키는 말로 '곁다리'라는 표현을 자주 쓴다.

그러나 '곁다리'라고 써야 올바른 표현이다.

표준어규정 17항은 "비슷한 발음의 몇 형태가 쓰일 경우, 그 의미에 아무런 차이가 없고 그 중 하나가 더 널리 쓰이면, 그 한 형태만을 표준어로 삼는다."라고 규정하고 있다.

이는 약간의 발음 차이로 쓰이는 두 형태 또는 그 이상의 형태들에서 더 일반적으로 쓰이는 형태 하나만을 표준어로 삼도록 규정한 것이다. 이에 따라 한 뜻을 가지지만 비슷한 발음의 다양한 형태로 쓰이고 있는 단어들은 표준어규정에 따라 한 가지 형태만을 표준어로서 올바르게 사용해야 한다. 같은 예로는 '내흉스럽다, 얌냠거리다' 등은 '내숭스럽다, 냠냠거리다'로 쓰는 것이 올바른 표현이다.

160
이 바지는 '기장이/길이가' 길어서 줄여 입어야 한다.

주로 옷을 살 때, 자신의 신체 사이즈보다 옷이 길게 내려올 경우 '기장이 길다.' 또는 '길이가 길다.'라는 두 가지 표현을 모두 사용한다. 이처럼 두 표현은 복수표준어로 워낙 많이 쓰이는 것이어서 어느 것이 올바른 표현인지 물어본다면 아마도 무척 난해할 것이다.

표준어규정 26항은 "한 가지 의미를 나타내는 형태 몇 가지가 널리 쓰이며 표준어 규정에 맞으면, 그 모두를 표준어로 삼는다."라고 규정하고 있다.

두 단어는 평소 쓰임의 빈도가 비슷하여 그 쓰임 빈도를 파악할 수 없으며 표준어규정에 어긋나지 않기 때문에 '기장, 길이'를 모두 표준어로 삼은 것이다. 이에 따라 '옷의 길이'를 나타내는 단어로 '기장'과 '길이'는 모두 표준어로 올바르게 써야 한다.

161
사람들로 '복다기는/복대기는' 계곡으로 피서를 떠났다.

여름 휴가철을 맞아 많은 사람들이 산과 물이 어우러진 계곡으로 여행을 떠나는 모습을 볼 수 있다. 이처럼 많은 사람들이 한 장소에서 복잡하게 떠들어 대거나 왔다 갔다 움직이는 것을 보고 '사람들로 복다긴다.'라고 표현하는데, '복대기다'로 쓰는 것이 올바른 표현이다.

표준어규정 9항은 'ㅣ' 역행동화 현상에 의한 발음은 원칙적으로 표준 발음으로 인정하지 않는다고 규정했다. 그러나 [붙임]에서 예외로 'ㅣ' 역행동화가 일어나지 않은 단어를 표준어로 규정하고 있다.

일반적으로 발생되는 'ㅣ'역행동화 현상은 앞의 모음이 뒤 모음 'ㅣ'의 영향을 받아 이중모음으로 변화되어 발음되는 현상인데 발음에서 주의하면 충분히 피할 수 있는 발음이라 할 수 있다. 이에 따라 'ㅣ' 역행동화 현상을 표준어로 삼는 것을 최소화해야 하는데, 예외적으로 '복대기다'는 표준어로 인정하며 올바르게 사용해야 한다.

162
머리를 감는 것을 싫어하는 동생 머리에 '소딱지/쇠딱지'가 앉았다.

어린 아이들은 머리 감는 것을 매우 싫어하여 머리를 감기려고 할 때마다 고생을 하는 경우가 있다. 이처럼 머리를 잘 감지 않아 어린아이의 머리에 때가 덕지덕지 눌어붙었다는 뜻으로 '소딱지가 앉았다'라고 표현하는데, '쇠딱지'로 쓰는 것이 올바른 표현이다.

표준어규정 6항은 의미차이가 별로 없는 단어들에 대하여 '의미를 구별함이 없이, 한 가지 형태만을 표준어로 삼는다.'라고 규정하고 있다. 이는 의미 차이를 보이지 않는 여러 형태가 함께 쓰일 때에는 그 중 한 가지 형태만을 표준어로 삼는다고 규정이다.

163
문 앞에 늘어져 있는 줄이 '갈가치는/가치작대는' 바람에 넘어져 무릎을 다쳤다.

평소 아무런 문제없이 지나다니던 길목에 새로운 물건이 놓여져 있을 때, 이를 무심코 지나치다가 거기에 걸려 넘어진 적이 있었을 것이다. 이처럼 '조금 거추장스럽게 자꾸 여기저기 걸리거나 닿다.'라는 뜻으로 '갈가치다'가 있다.

표준어규정 26항은 '한 가지 의미를 나타내는 형태 몇 가지가 널리 쓰이며 표준어 규정에 맞으면, 그 모두를 표준어로 삼는다'라고 규정하고 있다. 이에 따라 '가치작대다'와 '가치작거리다'는 그 쓰임이 비슷하여 모두 표준어로 삼은 것이다. 예전에는 '-거리다'와 '-대다'가 모두 쓰였음에도 불구하고 '-거리다'만을 표준어로 삼았으나 현재는 두 가지 모두를 표준어로 사용한다.

또한 표준어규정 25항에서 의미가 똑같은 다양한 형태의 말이 쓰일 경우 더욱 널리 쓰이는 한 가지를 표준어로 삼도록 하였다. 이에 따라 '갈가치다'보다 훨씬 널리 쓰이는 '가치작거리다/가치작대다'를 표준어로 삼았다.

164
아이가 장난감을 '흐쳐/흩혀' 놓고 놀고 있어서 방 안이 엉망이었다.

아이들은 한 가지 장난감을 가지고 꾸준히 놀지 못하는 편이 대부분이다. 따라서 자연히 한 번에 많은 양의 장난감을 여기저기 널려 놓아 치우기 힘든 경우가 많다. 이처럼 한데 모아놨던 것을 따로 따로 떨어뜨려 놓는 것의 피동 표현으로 '장난감을 흐쳐 놓다.'라고 표현한다.

한글맞춤법 6항은 'ㄷ, ㅌ'받침 뒤에 종속적 관계를 가진 '-이(-)'
나 '-히-'가 올 적에는 그 'ㄷ, ㅌ'이 'ㅈ, ㅊ'으로 소리 나더라도 'ㄷ,
ㅌ'으로 적는다. 이는 '구개음화' 현상에 따라 발음되는 그대로 받침을
적을 우려가 있는 것에 대한 규정으로 받침 'ㄷ, ㅌ'이 '이, 히'를 만나
더라도 표기할 때는 받침을 살려 적도록 한 것이다. 이에 따라 '홑다'
의 피동형인 '홑이다' 또한 '호치다'가 아닌 '홑이다'로 쓰는 것이 올바
른 표현이다.

165
직장에서의 존경법에 대하여 알고 싶어요?

직장에서 동료, 아랫사람, 윗사람에 관하여 말할 때 서술어에 '-시
-'를 넣을 것인지 넣지 않을 것인지는 듣는 사람이 누구인가에 따라
결정된다.

동료에 관해서 말할 때는 누구에게 말하는가에 관계없이 '-시-'를
넣지 않는다.

예를 들어 과장이 아랫사람에게 말한다면 "박영희 씨, 김 과장 어
디 갔어요?" 하고 말한다. 물론 자기보다 나이가 많은 동료를 다른 동
료나 아랫사람에게 말할 때는 "(과장이) 박영희 씨, 김 과장 어디 가
셨어요?"와 같이 서술어에 '-시-'를 넣을 수 있다. 그러나 윗사람에게
말 할 때는 '-시-를 넣지 않아야 한다.

윗사람에 관해서 말할 때는 듣는 사람이 누구이든지 '-시-'를 넣어
말하는 것이 원칙이다. 즉 "(평사원이) 사장님, 이 과장님은 은행에
가셨습니다."하고 말한다. 가정에서 아버지를 할아버지께 말할 때 "할
아버지, 아버지가 진지 잡수시라고 하였습니다."와 같이 아버지를 높
이지 않는 것과는 다르다. 곧 가정과 직장의 언어 예절에 차이가 있다.
종종 "(평사원이) 사장님, 이 과장은 은행에 갔습니다."처럼 낮추어

말해야 한다고 생각하는 사람도 있으나 이는 일본식 어법일 뿐이다.

아랫사람에 관해 말할 때는 누구에게 말하는가에 관계없이 '-시-'를 넣지 말고 "(과장이) 김영희 씨, 김철수 씨 어디 갔어요?" 하고 말하는 것이 원칙이다. 그러나 아랫사람을 그보다 더욱 아랫사람에게 말할 때는 "(부장이) 박영희 씨, 김 과장 어디 가셨어요?"처럼 '-시-'를 넣어 말할 수 있다.

거래처의 사람에게 말할 때는 그 말하는 대상이 우리 직장의 평사원이라면 듣고 있는 다른 회사 사람의 직급이 있는 사람이라면 그 사람과 같은 직급의 사람이나 그 아래의 사람에게 말할 때 자기보다 직급이 낮더라도 "(부장이 과장을 다른 회사의 과장이나 평사원에게) 김 과장 은행에 가셨습니다."처럼 '-시-'를 넣는다. 하지만 또 그 사람 직급 이상의 사람에게 말할 때는 "(부장이 과장을 다른 회사부장에게) 김 과장 은행에 갔습니다."처럼 '-시-'를 넣는다. 하지만 또 그 사람 직급 이상의 사람에게 말할 때는 "(부장이 과장을 다른 회사부장에게) 김 과장 은행에 갔습니다." 처럼 '-시-'를 넣지 않고 말한다. 자기보다 직급이 높은 사람을 다른 회사 사람에게 말할 때는 상대방의 직급에 관계없이 "(평사원이 과장을 다른 회사 부장에게) 김 과장님 은행에 가셨습니다."처럼 '-시-'를 넣어 말한다. 그러나 전화로 대화를 할 때는 누가 누구를 누구에게 말하든지 '-시-'를 넣어 말하는 것이 바람직하다. 거래처의 사람을 거래처의 사람에게 말할 때는 대상에 관계없이 존경법의 '-시-'를 넣어 말한다.

부장이 과장의 아들에게 말하는 경우처럼 직장 동료와 사적인 관계의 사람에게 말할 때는 "김 과장(님) 은행에 가셨습니다."처럼 윗사람이 아랫사람을 말할 경우라도 '-시-'를 넣어 말하는 것이 바람직하다.

166
친구는 '재떨이/재털이' 담뱃재를 털었다.

담배의 탄 재를 떨어 놓는 기구를 '재떨이'라고 한다. 그런데 위 예문처럼 '재털이'라고 흔히 일러지고 있다. 그러나 '재털이'는 표준어가 아니다. 『표준국어대사전』에는 '재털이'를 '재떨이'의 잘못으로 규정하고 '재떨이'만을 표준어로 삼고 있다. 예로는 '꽁초가 가득찬 재떨이', '꽁초는 재떨이에 버려 주십시오.' 등이 있다.

'재떨이'란 단어는 '재-떨-이'의 세 형태소가 합성된 것이다. '재'는 '담뱃재'를 이르는 명사이고, '떨'은 '떨다'의 어간이며, '이'는 접미사다. 이에 반해 '재털이'는 '재-털-이'로 '털'은 '털다'의 어간이다.

동사 '떨다'와 '털다'는 본래 같은 뜻을 지닌 말로, '털다'는 '떨다'의 거센 말이다. 동사 '떨다'는 '붙어 있던 것이 대번에 떠나가도록 급격한 충격을 주다.'를 뜻하는 말이다.

167
시원한 여름에는 차가운 물로 하는 '등목/목물'이 최고다.

무덥던 여름이 가고 선선한 가을바람이 찾아오는가 싶더니 연일 내리쬐는 햇볕에 많은 사람들이 아직 여름의 끝자락에 있음을 느낀다. 매우 더웠던 이번 여름, 시원한 물로 팔다리를 뻗고 엎드린 사람의 허리 위에서부터 목까지를 씻어 주는 것을 자주 볼 수 있었는데, 이를 가리키는 말로 '등목' 또는 '목물'이 있다. 그러나 둘 중 어느 것이 표준어인지는 헷갈리는 경우가 많다.

표준어 규정 26항은 '한 가지 의미를 나타내는 형태 몇 가지가 널리 쓰이며 표준어 규정에 맞으면, 그 모두를 표준어로 삼는다.'라고 규정하고 있다. 이에 따라 '등목, 목물'을 모두 표준어로 삼은 것으로 두 가지 표현을 모두 적절히 사용할 수 있도록 해야 한다.

168
그는 화가 단단히 난 듯 물건들을 '드놓으며/들놓으며' 씩씩거렸다.

때때로 화가 많이 난 상태의 사람들은 자신의 화를 참지 못하는데 그것이 다양한 행동으로 표출되는 경우가 있다. 특히 주변의 물건을 이리저리 들었다 놓았다 하며 자신의 화를 푸는 사람들을 보고 "왜 그렇게 물건을 드놓고 그러니?"라고 표현한다.

표준어규정 5항은 '어원에서 멀어진 형태로 굳어져서 널리 쓰이는 것은, 그것을 표준어로 삼는다.'라고 규정하고 있다. 하지만 '다만'에서 '어원적으로 원형에 더 가까운 형태가 아직 쓰이고 있는 경우에는, 그것을 표준어로 삼는다.'라고 규정하였다.

여기서 말하는 원형이란 근원적인 형태, 곧 변화한 말에 있어서 바뀌기 이전의, 본디의 형태를 이른다. 따라서 '드놓다'를 버리고 '들놓다'를 표준어로 삼는다. 이에 따라 '들었다 놓았다 하다.'라는 뜻으로 쓸 때에는 '들놓다'로 써야 올바른 표현이다.

169
시간이 지날수록 경기는 더욱 '가열찬/가열한' 양상을 띠었다.

2008년 베이징 올림픽이 끝난 지 오래지만 아직도 다양한 경기에서의 감동이 그대로 남아 있음을 곳곳에서 발견할 수 있다. 당시 올림픽에서 치러지는 많은 경기를 관람하면서 격렬해지는 것을 보고, '경기가 가열차다.'라고 표현한다.

표준어규정 25항은 '의미가 똑같은 형태가 몇 가지 있을 경우, 그 중 어느 하나가 압도적으로 널리 쓰이면, 그 단어만을 표준어로 삼는다.'라고 규정하고 있다. 즉 의미가 비슷한 형태라고 하여 모두 표준어로 삼을 경우 어휘를 풍부하게 하기보다는 오히려 혼란을 야기할 수 있다고 판단하여 압도적으로 쓰이는 하나만을 표준어로 규정한 것이다.

이에 따라 '가혹하고 격렬하다.'의 뜻으로 자주 쓰는 '가열차다'는 '가열하다'만을 표준어로 삼았다.

170
국경일을 맞이하여 '집집 마다/집집마다' 태극기를 걸었다.

우리는 평소 '낱낱이 모두'의 뜻을 나타낼 때 '마다'를 붙여 쓰는데, '집집 마다', '사람 마다'와 같이 띄어 쓰는 경우가 많다. 그러나 '집집마다', '사람마다'로 붙여 쓰는 것이 올바른 표현이다.

한글맞춤법 41항은 '조사는 그 앞말에 붙여 쓴다'라고 규정하고 '이, 마저, 처럼' 등의 조사는 앞말에 붙여 쓴다는 예를 들고 있다. '마다' 또한 '낱낱이 모두'라는 뜻을 나타내는 보조사로 앞말에 붙여 써야 하나 많은 사람들이 품사에 따른 띄어쓰기에 대한 정확한 개념에 상관없이 띄어 쓰는 경우가 많다. 따라서 앞으로는 띄어쓰기를 할 때 품사를 고려하여 조사는 앞말에 붙여 쓰도록 해야 한다.

171
들판에는 추수 때가 지나 '고스라진/고스러진' 벼들이 가득하다.

시원하게 내린 가을비에 무덥던 날씨가 금세 가을 날씨로 바뀌었다. 또한 올해는 가을 날씨가 예년보다 빨리 추워져 농작물이 서리에 맞지 않도록 미리 거두어들이기에 한창이다. 하지만 때를 놓쳐 미처 거두지 못한 곡식들은 고부라진 모습으로 앙상하게 남는데, 이를 보고 '벼가 고스라졌구나!'라고 표현한다.

한글맞춤법 8항은 "양성모음이 음성모음으로 바뀌어 굳어진 다음 단어는 음성모음 형태를 표준어로 삼는다."라고 규정하고 있다. 국어는 모음조화가 있는 것이 특징이다. 그러나 모음조화 규칙은 후세로 오면서 많이 무너졌고, 계속 그 모습이 사라지고 있다. 이에 따라 모음조화에 얽매여 변화를 인정하지 않았던 단어들을 표준어규정에서 현실발음으로 인정한 것이다. '고스라지다' 또한 원래 양성모음 'ㅏ'로 쓰이던 것이 차츰 음성모음 'ㅓ'로 변화되어 '고스러지다'로 사용되는 것을 표준어로 반영한 것이다.

172
민수가 '반장이' 되었다.

'민수가 반장이 되었다.'에서 '민수가'는 문장의 주어가 된다. '반장이'는 보어가 되며, '되었다'는 서술어이다. '이/가'는 주격조사와 보격조사로 두 종류가 있다. 하지만 이 문장의 서술어가 '되었다' 즉, '되다' 동사이기 때문에 '반장이'에서 '이'는 주격조사가 아닌 '되다', '아니다' 앞에 쓰여 바뀌게 되는 대상이나 부정(否定)하는 대상임을 나타내는 격조사로 문법적으로는 앞말이 보어임을 나타내고 있다. 또한 보격조사 '이'는 바뀌게 되는 대상을 나타낼 때 대체로 조사 '으로'로 바뀔 수 있다.

173
돈 좀 있다고 사람을 '괄세하면/괄시하면' 되겠니?

점점 경제가 어려워지는 가운데 빈익빈 부익부 현상이 더욱 두드러지고 있다. TV에서는 이러한 세태를 반영한 프로그램이 다양한데,

특히 드라마의 경우 돈이 있는 사람이 가난한 사람을 업신여겨 하찮게 대하는 모습을 종종 방영한다. 이와 같은 모습을 보고 '사람을 괄세하다.'라고 표현한다.

표준어규정 17항은 "비슷한 발음의 몇 형태가 쓰일 경우, 그 의미에 아무런 차이가 없고 그 중 하나가 더 널리 쓰이면, 그 한 형태만을 표준어로 삼는다."라고 규정하고 있다. 이에 따라서 '괄세하다, 괄새하다' 등은 버리고 '괄시하다'를 표준어로 삼는다.

약간의 발음 차이로 쓰이는 두 형태 또는 그 이상의 형태들에서 더 일반적으로 쓰이는 형태 하나만을 표준어로 삼은 것이다. 이는 한 가지 뜻으로 쓰이는 다양한 형태의 말들이 모두 사용될 경우 혼란을 일으킨다고 판단하여 단수 표준어로 처리한 것으로 올바르게 사용해야 한다.

174
우리 집 '담벽/담벼락'에 포스터를 붙이지 못하도록 하였다.

예나 지금이나 광고를 목적으로 하는 다양한 포스터나 광고지를 붙이는 단골 장소는 아마도 집을 비롯한 여러 건물의 담일 것이다. 이처럼 무엇을 붙일 수 있는 '담이나 벽의 표면'을 가리키는 말로 '담벽'이 있다.

표준어규정 15항은 "준말이 쓰이고 있더라도, 본말이 널리 쓰이고 있으면 본말을 표준어로 삼는다."라고 규정하고 있다. 이는 하나의 뜻으로 본말이 널리 쓰이는 가운데 준말 또한 함께 쓰일 경우, 그 세력이 미비함에 따라 본말만을 표준어로 규정한 것이다. 이에 준말인 '담벽'을 버리고 본말만을 표준어로 삼고 '담벼락'으로 올바르게 써야 한다.

175
나뭇잎이 '황녹색/황록색'으로 변하더니 점점 단풍잎으로 변하였다.

10월에 접어들면서 여름의 푸름을 자랑하던 나뭇잎들은 점점 단풍이 들어 울긋불긋한 아름다운 자태를 뽐내고 있다. 이처럼 나뭇잎이 빨강, 노랑의 단풍잎으로 변할 때 먼저 누런빛을 띤 초록색으로 변하였다가 단풍이 드는데, 이런 색을 '황녹색'이라고 표현한다.

한글맞춤법 12항은 "한자음 '라, 래, 로, 뢰, 루, 르'가 단어의 첫머리에 올 적에는 두음 법칙에 따라 '나, 내, 노, 뇌, 누, 느'로 적는다"라고 규정했는데, '붙임1'에서 '단어의 첫머리 이외의 경우는 본음대로 적는다'라고 했다. 이에 따라 '황녹색'은 '황록색'으로 적어야 올바른 표현이다. 같은 예로는 '쾌락(快樂), 극락(極樂), 거래(去來), 왕래(往來)' 등이 있다.

176
'이른바' 윗사람들부터 각성해야 한다.
나는 어머니께서 '이른 바'를 잘 알고 있다.

우리는 평소 같은 형식의 글자 수와 단어로 이루어진 말이라도 띄어쓰기에 따라 그 뜻이 달라질 수 있다는 것을 잘 인식하지 못한다. 위에서 예로 든 '이른 바', '이른바' 또한 어떻게 띄어 쓰느냐에 따라 다른 뜻으로 해석된다.

한글맞춤법 42항은 "의존 명사는 띄어 쓴다"라고 규정하고 있다. 위의 두 가지 예문 중 앞 문장은 '세상에서 말하는 바'를 뜻하는 부사어로 한 단어로 붙여 써야 한다. 또한 뒤 문장은 '이르다'의 관형형 '이른'에 '앞에서 말한 내용 그 자체나 일 따위를 나타내는 말'을 뜻하는 의존 명사 '바'가 합쳐진 경우 '이른 바'로 쓰는 것이 올바른 표현이다.

이처럼 헷갈리기 쉬운 표현들은 의미와 단어들의 결합 형태를 잘 살펴 올바르게 쓰도록 해야 한다.

177
시간이 모자라 시험지에 답을 '날려썼다/갈겨썼다.'

4월도 중순에 접어들면서 각 학교의 학생들이 중간고사를 치르느라 분주한 모습을 볼 수 있다. 시험지의 문제를 풀다 보면 종종 시간에 쫓겨 글씨를 아무렇게나 마구 써서 답을 잘 알아보지 못할 때가 있다. 이러한 모습을 보고 '글씨를 날려썼다.'라고 표현하는데 이는 잘못된 표현이다.

표준어규정 25항은 '의미가 똑같은 형태가 몇 가지 있을 경우, 그중 어느 하나가 압도적으로 널리 쓰이면, 그 단어만을 표준어로 삼는다.'라고 규정하고 있다. 따라서 '날려쓰다'를 버리고 '갈겨쓰다'를 표준어로 삼았다.

이는 표준어 규정 17항과 같이 복수표준어로 모두 인정하여 어휘의 혼란을 가져오기 보다는 어느 한 형태만을 표준어로 규정하도록 한 것이다. 이에 따라 단수표준어 규정에 따라 올바른 표현을 선택하여 상황에 알맞게 써야 한다.

178
'이외에'에 대하여 알려 주세요?

'이외에'의 경우는 '이 외에'로 띄어 써야 할 경우와 '이외에'로 붙여 써야 할 경우가 있다. '컴퓨터와 프로젝터가 있는데, 이 외에 스크린이 더 필요하겠는가?'일 때의 '이 외에'는 '이것 외에'라는 뜻으로, 지시대명사 '이'와 의존 명사 '외(外)'가 결합된 경우이므로 띄어 써야 한다.

그러나 '한 끼를 굶었더니 밥 이외에는 보이지 않는다.'처럼 '이외(以外)'의 명사가 쓰인 경우는 붙여 쓴다.

첫째, 지시 대명사 '이'에 '외'가 이어진 구성은 문장의 앞에 주로 나타나는 요소로 '이 밖에'로 순화시켜 사용하는 것이 적절하기도 하다. 둘째, '이 외에'는 '이'를 생략할 수 없지만, '이외에'는 '이'를 생략하고 '외에'만을 사용해도 의미에 차이가 나지 않는다. 셋째, '이 외에'의 '이' 대신에는 '이것'을 대치해 쓸 수 있지만, '이외에'의 '이'는 '이것'과 대치해 쓸 수 없다는 점이다.

179
민속놀이 '강강술래/강강수월래'를 알고 있나요?

정월 대보름날이나 팔월 한가위가 되면 어김없이 생각나는 민속놀이로 '강강술래'가 있다. '강강술래'는 여러 사람이 함께 손을 잡고 원을 그리며 빙빙 돌면서 춤을 추고 노래를 부르는 놀이이다. 이 때 "강강수월래(强羌水越來)~"라는 노랫말에서 '강강술래'를 '강강수월래'로 여기는 경우가 있다

한글맞춤법 제21항은 '고유어 계열의 단어가 널리 쓰이고 그에 대응되는 한자어 계열의 단어가 용도를 잃게 된 것은, 고유어 계열의 단어만을 표준어로 삼는다.'라고 규정하고 있다. '강강술래'는 '강강수월래(强羌水越來)'라는 한자에서 빌려 쓴 말이다. 이에 따라 한자어 계열의 단어가 그 용도를 잃고 고유어 계열의 단어가 더욱 널리 쓰이는 경우로 '강강술래'만을 표준어로 삼는다.

180
그의 '내리떠/내립떠'보는 눈초리가 무척이나 신경에 거슬렸다.

우리는 종종 친구와 다투거나 상대방에게 안 좋은 감정이 있을 때,

상대방을 제압하기 위해 눈길을 아래로 뜨고 노려보게 되는 경우가 있다. 이러한 모습을 보고 '내리떠 보다'라고 표현하는데, '내립떠보다'로 쓰는 것이 올바른 표현이다.

표준어규정 제17항은 '비슷한 발음의 몇 형태가 쓰일 경우, 그 의미에 아무런 차이가 없고 그 중 하나가 더 널리 쓰이면, 그 한 형태만을 표준어로 삼는다.'라고 규정하고 있다. 약간의 발음 차이로 쓰이는 두 형태 또는 그 이상의 형태들에서 더 일반적으로 쓰이는 형태 하나만을 표준어로 삼은 것이다.

이는 복수 표준어와 대립되는 처리로 복수 표준어로 인정하려면 그 발음 차이가 이론적으로 설명되든가, 두 형태가 비등하게 널리 쓰이든가 하여야 한다. 그러나 위의 경우는 두 형태를 모두 표준어로 인정할 경우 국어를 풍부하게 하는 쪽보다는 혼란을 일으킨다고 판단되는 것이어서 단수 표준어로 처리한 것이다.

181
혜영이는 옆구리를 '간질르면/간질이면' 바로 웃을 거야.

사람의 웃음을 유발하는 방법 중 가장 손쉬운 방법은 살갗을 문지르거나 건드려 간지럽게 하는 것이다. 이처럼 간지럽게 한다는 표현으로 '간지르다, 간질르다, 간질키다' 등의 다양한 표현을 사용하는데, '간질이다'로 쓰는 것이 올바른 표현이다.

표준어규정 25항은 '의미가 똑같은 형태가 몇 가지 있을 경우, 그 중 어느 하나가 압도적으로 널리 쓰이면, 그 단어만을 표준어로 삼는다.'라고 규정하고 있다.

살갗이나 몸의 민감한 부위를 건드려 웃음을 유발하는 모습을 보고 우리는 '간지르다'라는 표현을 가장 많이 쓰며 당연히 표준어로 여기는 경향이 있다. 이처럼 한 가지 뜻이 있는 다양한 표현들을 모두 복수 표준어로 규정할 경우, 단어를 풍부하게 하기보다는 오히려 혼란을 줄 수 있기 때문에 이러한 규정을 만든 것이다.

182
겨울철 '먹거리/먹을거리'로 군고구마가 인기다.

우리나라는 사람이 먹고 살 수 있는 모든 것들 중 그 계절에만 맛볼 수 있는 것들이 풍부하다. 특히 겨울철 맛볼 수 있는 음식 중 길거리에서 파는 구운 고구마의 맛은 그 무엇과도 바꿀 수 없는 추운 겨울의 소중한 추억이라 할 수 있다. 이처럼 사람이 먹고 살 수 있는 모든 것들을 가리켜 '먹거리'라고 표현한다.

표준어규정 15항은 '준말이 쓰이고 있더라도, 본말이 널리 쓰이고 있으면 본말을 표준어로 삼는다.'라고 규정하고 있다. 준말이 얼마간이라도 일반적으로 쓰인다면 복수 표준어로 처리하지만, 그 쓰임새가 워낙 적거나 고상한 표현이 아니면 표준어로 인정하지 않는다. 따라서 '먹거리' 대신 '먹을거리'를 표준어로 삼는다.

183
얼마나 급했던지 옷도 '까꿀로/가꾸로' 입고 나왔어.

요즘 같은 겨울철에는 해가 뜨는 시각이 늦은 편이어서 늦잠을 자는 경우가 많다. 이때 마음이 급하여 옷을 입을 때 거꾸로 입는 일이 있다. 이처럼 차례나 방향, 또는 형편 따위가 반대가 되는 일을 표현하는 말로 '까꿀로, 거꾸로, 까꾸로' 등이 다양하게 쓰이는데, '가꾸로'가 '까꿀로'에 비해 널리 쓰이므로 '가꾸로'를 표준어로 삼는다.

표준어 규정 17항은 비슷한 발음의 몇 형태가 쓰일 경우, 그 의미에 아무런 차이가 없고 그중 하나가 더 널리 쓰이면, 그 한 형태만을 표준어로 삼도록 규정하고 있다. 이는 약간의 발음 차이로 쓰이는 두 형태 또는 그 이상의 형태들에서 더 일반적으로 쓰이는 형태 하나만을 표준어로 삼은 것이다.

184
엄마는 우는 아이의 등을 '다둑거려/다독거려' 주었다.

아기를 재우거나 달래거나 귀여워할 때 몸을 가만가만 잇따라 두드리는 모습을 보고 '아이의 등을 다둑거리다.'라고 표현하는데 이는 잘못이다.

표준어규정 8항은 '양성 모음이 음성 모음으로 바뀌어 굳어진 단어는 음성 모음 형태를 표준어로 삼는다.'라고 규정하고 있다. 국어는 모음조화가 있는 것을 특징으로 하는 언어이다. 그러나 모음조화 규칙은 후세로 오면서 많이 무너졌고, 현재에도 더 약해지고 있는 편이다. 지금까지 모음조화에 얽매여 이 변화를 인정하지 않았던 것을 표준어규정 8항에서는 현실 발음을 인정하였다.

이처럼 위의 단어는 모음조화 규칙에 따라 '다독거리다'를 표준어로 삼고 '다둑거리다'는 버린다. 한편 '발가숭이'에 대해 '발가송이', '보통이'에 대해 '보퉁이', '오똑이'에 대해 '오뚝이', '뻗장다리'에 대해 '뻗정다리' 등을 표준어로 삼는다.

185
'깍두기/깍둑이'의 올바른 표현은?

'깍두기'는 '무를 작고 네모나게 썰어서 소금에 절인 후 고춧가루 따위의 양념과 함께 버무려 만든 김치'를 말하며, '홍저(紅菹)'라고도 일컫는다.

'깍두기'에서 '깍둑'은 '깍둑거리다'에서 '깍둑-'과 연관지어 볼 수 있으나, 어근의 본뜻이 인식되지 않는 것이므로, 그 형태를 밝혀 적지 않는다. 또, 'ㄱ, ㅂ' 받침 뒤는 경음화의 규칙성이 적용되는 환경이므로 이때는 된소리로 나더라도 같은 음절이나 비슷한 음절이 겹쳐 나는 경우가 아니면 된소리로 적지 않는다. 따라서 '깍두기'는 된소리로 나더라도 된소리로 적지 않는 것이 올바른 표현이다.

186
'피납/피랍' 당시 숨진 승객들의 유해가 본국으로 송환될 전망이다.

각종 신문이나 뉴스보도에서 국외에서의 선박이 납치 되거나 우리나라 국민들 중 많은 사람들이 한꺼번에 납치가 되는 일이 있을 때 '피납되다' 라는 표현을 자주 쓴다.

한글맞춤법 12항은 '본음이 '라, 래, 로, 뢰, 루, 르' 인 한자가 단어 첫머리에 올 적에는 두음 법칙에 따라 '나, 내, 노, 뇌, 누, 느'로 적는다. 그러나 단어의 첫머리 이외의 경우에는 본음대로 적는다'라고 규정하고 있다.

이는 두음법칙에 따른 규정으로 한국어에서는 일부 소리가 단어의 첫머리에 발음되는 것을 꺼린다는 것이 작용되어 다른 소리로 발음되는 일을 말하는 것이다. 이에 따라 한자어 '피랍(被拉)'은 '피납'으로 적지 않고 '피랍'으로 적는 것이 올바른 표현이다.

187
우리 언니는 "'부자집/부잣집' 맏며느릿감이다."라는 말을 자주 듣는다.

예로부터 얼굴이 복스럽고 듬직하게 생긴 여자를 비유적으로 이르는 말로 '부자집 맏며느릿감'이라는 말을 자주 사용해 왔다.

한글맞춤법 제30항은 사이시옷에 대하여 순 우리말과 한자어로 된 합성어로서 앞말이 모음으로 끝난 경우 뒷말의 첫소리가 된소리로 나는 것은 사이시옷을 받치어 적는다고 규정하고 있다. '부자집'은 '재물이 많아 살림이 넉넉한 사람'을 가리키는 말인 '부자(富者)'와 순 우리말 '집'이 결합하여 새로운 단어가 형성되는 과정에서 '집'이 [찝]으로 발음되기 때문에 이를 문자에 반영하여 사이시옷을 받쳐 적도록 한 것이다. 이에 따라 '부자집'은 '부잣집'으로 적는 것이 올바른 표현이다. 같은 예로 '횟집' 또한 '회(膾)'와 '집'이 결합하여 [회찝]이라는 된소리로 발음되기 때문에 '회집'이 아닌 '횟집'으로 적어야 한다.

188
기용이는 '허위대/허우대' 좋고 인물도 잘생겼지만 힘은 약한 편이다.

우리는 보통 체격이 좋으면 힘도 셀 것이라고 여기는 경우가 많다. 그러나 체격은 아주 좋지만 보기보다 몸이 허약한 사람을 보고 "허위대만 멀쩡하구나."라고 표현한다.

표준어 규정 10항은 모음이 단순화된 형태를 표준어로 삼는다고 규정하고 있다. 이에 따라 '괴팍하다', '으레' 등은 '괴팍하다', '으레'를 표준어로 삼고 있다. '허위대'도 마찬가지로 '허우대'로 쓰는 것이 올바른 표현이다.

이들은 모두 모음이 단순화된 예들이다 그러한 변화를 수용하여 새 형태를 표준어로 삼은 것으로 올바른 표준어를 알고 상황에 맞게 사용하도록 해야 한다.

189
어머니는 사과 장수에게 '그 중에/그중에' 좋은 것으로 몇 개 샀다.

우리나라는 설날 아침에 온 가족들이 모여 조상님들께 차례를 지내고 산소를 돌보는 풍습이 있다. 이때 차례 상에 올리는 음식은 사과 하나라도 유심히 살펴 가장 좋은 것을 고르기 마련이다. 이렇듯 많은 물건들 가운데 가장 좋은 것을 고를 때에 '그 중에 좋은 것'이라는 표현을 사용하는데 '그중에'로 붙여 쓰는 것이 올바른 표현이다.

한글맞춤법 제42항에서 '의존 명사는 띄어 쓴다.'라고 규정하고 있으며, '중'은 '여럿의 가운데, 어떤 상태에 있는 동안'을 나타내는 의존 명사이다. 하지만 위 예문의 '그중'처럼 '범위가 정해진 여럿 가운데'라는 뜻으로 쓰일 때 '그중'은 합성어로 보아 붙여 쓰는 것이다. '그중'은 현재 명사로 『표준국어대사전』에 등재되어 있으며, '그 스님'을 표현하는 경우에 '그 중'으로 띄어 쓴다.

190
우리 동네에는 '슈퍼마켓/수퍼마켓'이 있다.

흔히 잘못된 표기로 '수퍼마켓'이나 '슈퍼마켙'이라고 쓰는 경우가 종종 있으나 이것은 '슈퍼마켓'이라고 써야 올바른 표기이다. '슈퍼마켓'은 영어 'super-market[su pərmarkit/sju pərmarkit]'에서 온 말이다. 외래어 표기법에 따르면 영어에서 짧은 모음 다음의 무성 파열음 [p], [t], [k]는 받침으로 적는데, 받침으로는 'ㄱ, ㄴ, ㄹ, ㅁ, ㅂ, ㅅ, ㅇ'만을 사용한다(외래어 표기법 3장 1절 1항, 1장 3항). 따라서 '켙'과 같은 표기는 있을 수 없다.

또한 [슈퍼]가 아니라 [수퍼]로 발음하는 것은 미국식 영어의 영향이라 할 수 있다. 미국 영어에서는 's'에 활음 'j'가 결합할 경우 'j'가 탈락하는 경우가 많아 'super'는 [suːpər]로 발음된다. 반면 영국에서는 이런 제약이 없어서 'super'는 [sjuːpər]로 발음된다.

191
'삼수갑산/산수갑산'은 무엇이 올바른가요?

몇몇의 사람들은 '우리나라에서 가장 험한 산골', '귀양지의 하나'로 유명한 '삼수갑산(三水甲山)'을, 경치를 나타내는 '산수(山水)'로 오인하여 '산수갑산(山水甲山)'라고 표현하는 경우가 종종 있다. 혼동하기 쉽고 정확한 뜻을 알 수 없는 '삼수갑산'은 어디서 온 말일까?

'삼수갑산'은 북한의 지명 '삼수(三水)'와 '갑산(甲山)'이 더하여진 말이다. 먼저 '삼수'는 함경남도 북서쪽에 있는 지역으로 압록강 지류에 자리하고 있으며, 대륙성 기후의 영향으로 국내에서 추운 지역에 속하고, 접근이 쉽지 않은 오지(奧地)이다. '갑산'은 함경남도 북동쪽 개마고원 중심부에 있는 지역으로 풍토병이 있을 정도로 사람이 살기에 불편하고, 주위에 큰 산이 있어 산세가 험하며, '삼수'처럼 추운 곳이다.

이렇듯 두 지역은 험한 오지이고, 매우 추운 지역이라는 공통점이 있으며, 이를 어울려 쓴 것이 '삼수갑산(三水甲山)'인 것이다. 게다가 삼수와 갑산은 지역적 특성으로 예전부터 죄인의 귀양지로 손꼽혔으며, 다시 살아오기가 어려웠다고 한다. 결국 '삼수갑산'은 '험하고 추운 산골', '귀양지'를 대표하는 표현으로 인식되었다.

이 '삼수갑산'은 "삼수갑산에 가는 한이 있어도"라는 관용표현으로 쓰여 자신에게 닥쳐올 어떤 위험도 무릅쓰고라도 어떤 일을 단행할 때 하는 말이다.

192
'말씨[말:씨]/[말씨]'로 보아서는 충청도 사람이 분명하다.

우리는 대화를 통해 의사소통을 하며 태도 또한 중요하게 생각하여 '말씨가 공손하다.', '경상도 말씨이다.'와 같은 표현을 사용한다. 이렇 듯 '말하는 태도나 버릇, 말에서 느껴지는 감정 따위의 색깔'을 나타낼 때 종종 '말씨'라는 표현을 사용한다. 사람의 생각이나 느낌 따위를 표 현하고 전달하는 데 쓰는 음성 기호인 '말(言)'은 [말 :]과 같이 긴소 리로 발음하는데 '말씨'는 [말씨]와 [말 : 씨] 중 어떻게 발음하는 것 이 올바른 표현일까?

표준발음법 제6항은 '모음의 장단을 구별하여 발음하되, 단어의 첫 음절에서만 긴소리가 나타나는 것을 원칙으로 한다.'라고 규정하였다. 이는 표준 발음에 따라 소리의 길이를 규정한 것으로 긴소리와 짧은 소리 두 가지만을 인정하되, 단어의 제1음절에서만 긴소리를 인정하 고 그 이하의 음절은 모두 짧게 발음함을 원칙으로 한 것이다.

이에 따라 첫 음절에 '말'이 들어간 '말씨'는 [말 : 씨]로 길게, '사실 과 조금도 틀림이 없는 말'을 나타내는 '참말'은 [참말]로 짧게 발음하 는 것이 올바른 표현이다.

193
나는 그에게 다시는 거짓말을 하지 말라고 '나무랬다/나무랐다.'

사람은 누구나 한번쯤 거짓말을 해본 경험이 있을 것이다. 거짓말 을 한다는 것은 사실이 아닌 것을 사실인 것처럼 꾸며 대어 말을 하는 것이다. 하지만 상대방에게 한 말이나 행동이 '거짓말'이라는 것이 알 려졌을 때에는 호되게 꾸중을 들을 수도 있다는 것을 명심해야 한다. 이렇듯 잘못한 일을 했을 때에 잘못을 꾸짖어 알아듣도록 말하는 것을 '나무래다'라고 표현하는데, '나무라다'로 쓰는 것이 올바른 표현이다.

표준어규정 제11항은 '다음 단어에서는 모음의 발음 변화를 인정하여, 발음이 바뀌어 굳어진 형태를 표준어로 삼는다.'라고 규정하였다.

이와 같은 예로 '생각이나 바람대로 어떤 일이나 상태가 이루어지거나 그렇게 되었으면 하고 생각하다.'라는 뜻이 있는 '바래다'는 '바라다'로 쓰는 것이 올바른 표현이다.

194
수진이는 웃을 때마다 '뻔으렁니/뻐드렁니'가 보인다.

사람의 이는 위, 아래 앞니가 자라나는 것을 시작으로 하나씩 자라나 평생동안 사용한다. 사람마다 이가 나고 빠지는 시기가 다르듯이 생김새도 각각 다르다. '안으로 옥게 난 이'를 '옥니'라고 하며, '밖으로 뻗은 앞니'를 '뻐드렁니'라고 한다. 이 때 '뻔으렁니'와 '뻐드렁니'의 표기법을 혼동하여 고개를 갸우뚱하는 경우가 있는데 '뻐드렁니'로 적는 것이 올바른 표현이다.

한글맞춤법 제19항에서 "어간에 '-이'나 '-음/-ㅁ'이 붙어서 명사로 된 것과 '-이'나 '-히'가 붙어서 부사로 된 것은 그 어간의 원형을 밝히어 적는다."라고 하고, '붙임'에서 "어간에 '-이'나 '-음' 이외의 모음으로 시작된 접미시가 붙어서 다른 품사로 바뀐 것은 그 어간의 원형을 밝히어 적지 아니한다."라고 규정하였다. 명사를 만들 때 비교적 널리 결합하는 명사형 어미 '-이, -음'과는 달리, 불규칙적으로 결합하는 모음으로 시작된 접미사가 붙어서 다른 품사로 바뀐 것은, 그 원형을 밝히지 않고 소리 나는 대로 적는 것이다.

예로는 '짚앙이, 동글아미'도 원형을 밝히지 않고 '지팡이, 동그라미'로 적는다.

195
황사로 인해 공기가 '깨끗찮다/깨끗잖다.'

추운 겨울이 가고 봄이 찾아오면 따뜻한 햇볕과 예쁜 꽃 등의 반가운 손님도 있지만 황사와 같이 달갑지 않은 손님도 찾아온다. 황사현상은 중국에서 만들어진 누런 모래 바람이 우리나라까지 영향을 주는 현상으로 공기 중에 미세먼지의 농도가 짙어 호흡기가 약한 어린이와 노인들의 건강에 영향을 줄 수 있다.

이렇듯 황사로 인해 공기가 '깨끗하지 않다'를 줄임말로 표현할 때 '깨끗찮다'라고 하는데 '깨끗잖다'로 올바르게 표현해야 한다.

한글맞춤법 제39항 "어미 '-지' 뒤에 '않-'이 어울려 '-잖-'이 될 적과 '-하지' 뒤에 '않-'이 어울려 '-찮-'이 될 적에는 준 대로 적는다."라고 규정하였다. 한글맞춤법 제36항 "'ㅣ' 뒤에 '-어'가 와서 'ㅕ'로 줄 적에는 준 대로 적는다."라는 규정을 적용하면 '-지 않-', '-치 않-'은 쟎, 챦이 된다. 그러나 줄어진 형태가 하나의 단어처럼 다루어지는 경우에는, 구태여 그 원형과 결부시켜 준 과정의 형태를 밝힐 필요가 없다는 견해에서, 소리 나는 대로 '잖, 찮'으로 석기로 한 것이다.

같은 예로는 '모양이나 차림새 따위가 아담하고 깔끔하다'를 나타내는 '깔밋'의 부정인 '깔밋하지 않다'도 '깔밋잖다'로 적는다.

196
'사돈/사둔'에서 올바른 것은?

건강한 총각과 처녀가 혼인을 하여 한 가정을 이루게 되면, 총각과 처녀의 부모님은 '사돈' 관계가 된다. '사돈'은 2008년 3월 현재 『표준국어대사전』에 표준어로 등재되어 있으며 '혼인한 두 집안의 부모들 사이 또는 그 집안의 같은 항렬이 되는 사람들 사이에 서로 상대편을 이르는 말, 또는 혼인으로 맺어진 관계. 또는 혼인 관계로 척분(戚分)이 있는 사람'을 뜻하며, 한자로는 '査頓'으로 적는다. 하지만 '査頓'은 '사실하다, 조사하다, 때, 풀명자나무'의 '査(사)'와 '조아리다, 넘어지다, 깨지다, 부서지다'의 '頓(돈)'이 더하어진 말로 우리가 말하는 '사돈'과는 내용이 다르다.

'사둔'은 1934년 6월 15일 조선일보에서 홍기문이 "우리말의 취음(取音)"이라고 지적해 놓았다고 하며, "이 '사돈'이라는 말이 만주어의 '사둔'과 같은 말에 속하지 않은가 생각한다."라고 덧붙였다고 한다.

그리고 1992년에 나온 한글학회의 『우리말 큰사전』에도 '사둔'이 만주어에서 왔음을 밝히고 있다. 만주어에서는 "딸이 시집간 집안 또한 며느리의 집이나 그 친척"을 가리키는 말로 쓰였고, '사두'와 비슷한 '사둘람비(sadulambi)'는 "서로 친척 관계를 맺는다."는 뜻이다. 또한 몽골말 사단(sadan)은 '친척' 또는 '친척관계'를 뜻한다.

결론적으로 '사부인'은 '査夫人'이 아닌 '사(둔) 부인'으로 생각하며, 글자 '査'에 '사둔'의 뜻을 얹는 것이 아니라 '사둔'이 줄어진 형태로서의 '사'라는 우리말식 해석을 해야겠다는 것이다.

197
뜨거운 햇볕 아래 고추가 '불거지다/붉어지다.'

가을의 시작인 입추(立秋)가 지났지만 아직 무더운 날씨에 내리쬐는 햇볕을 받고 무럭무럭 자라나는 많은 농작물들이 있다. 그중에 고추는 짙은 녹색의 푸름을 지나 빨갛게 익어가고 있다. 이렇듯 '빛깔이 점점 붉게 되어 가다.'라는 뜻으로 '불거지다'를 사용한다.

한글 맞춤법 제57항에서 '다음 말들은 각각 구별하여 적는다.'라고 규정하고 '가름'과 '갈음', '느리다'와 '늘이다', '어름'과 '얼음'을 예로

제시하였다. 이에 따라 '물체의 거죽으로 둥글게 툭 비어져 나오다.', '어떤 사물이나 현상이 두드러지게 커지거나 갑자기 생겨나다.'라는 의미를 나타낼 때는 '불거지다'로 쓰고, '빛깔이 점점 붉게 되어 가다.'의 뜻으로는 '붉어지다'를 쓰는 것이 올바른 표현이다.

198
민우는 과학 분야에서는 '신출내기/신출내기'였다.

전 세계인들의 스포츠 축제인 '올림픽'이 중국에서 개최되어 많은 이들의 관심을 받고 있다. 다양한 스포츠 경기에서 실력을 겨루는 가운데 경기에 처음 출전한 선수들을 가리켜 '신출나기'로 쓰이고 있다.

표준어 규정 제9항에서 "'ㅣ' 역행동화 현상에 의한 발음은 원칙적으로 표준 발음으로 인정하지 아니하되, 다만 다음 단어들은 그러한 동화가 적용된 형태를 표준어로 삼는다."라고 규정하였다. 'ㅣ' 역행동화는 전국적으로 매우 일반화되어 있는 현상으로 '손잡이', '먹이다' 등을 '손잽이', '멕이다'로 표현하는 현상이다.

표준어 규정 제9항에 따라서 어떤 일에 처음 나서서 일이 서투른 사람을 일컫는 '신출나기'는 '신출내기'로 올바르게 표현해야 한다. 예로는 '풋내기', '서울내기', '냄비' 등이 있다.

199
내 육감은 잘 '맞는[맏는]/[만는]' 편이다.

우리는 평소 주변 사람들 중 어떤 상황이나 일에 대한 정보 없이 본능적인 느낌으로 일을 보다 명확하게 판단하는 사람을 보는 경우가 있다. 이 때 '육감이 좋다.', '육감이 잘 맞는 편이다.'와 같이 표현하는데 '맞다'의 활용형인 '맞는'은 [맏는]이 아닌 [만는]으로 발음하는 것이 올바른 표현이다.

표준 발음법 제18항에서 "받침 'ㄱ(ㄲ, ㅋ, ㄳ, ㄺ), ㄷ(ㅅ, ㅆ, ㅈ, ㅊ, ㅌ, ㅎ), ㅂ(ㅍ, ㄼ, ㄿ, ㅄ)'은 'ㄴ, ㅁ' 앞에서 [ㅇ, ㄴ, ㅁ]으로 발음한다."라고 규정하였다. 이는 'ㄴ, ㅁ' 등의 비음 앞에서 받침의 소리 [ㄱ, ㄷ, ㅂ]이 각각 [ㅇ, ㄴ, ㅁ]으로 동화되어 발음됨을 규정한 것이다.

예로는 '긁는'은 [긍는]로, '쫓는'은 [쫀는]으로, '잡는'은 [잠는]으로 올바르게 발음해야 한다.

200
우리는 골목에서 오랜 '헤매임/헤맴' 끝에 친구의 집을 찾았다.

새로운 목적지에 초행길은 길을 잘 몰라 여러 길목을 헤매다 계획보다 늦게 도착하기 쉽다. 또한 친구의 집을 이야기만 듣고 찾아가는 경우에도 쉽게 길을 찾지 못하고 여러 골목을 왔다 갔다 하다가 도착하게 된다. 이렇듯 길을 잃고 갈 바를 몰라 이리저리 돌아다닐 경우에 '헤매임'을 사용하여 '오랜 헤매임 끝에 도착했다.'와 같이 표현한다.

한글맞춤법 제19항에서는 "어간에 '-이'나 '-음/-ㅁ'이 붙어서 명사로 된 것과 '-이'나 '-히'가 붙어서 부사로 된 것은 그 어간의 원형을 밝히어 적는다."라고 규정하였다. 이에 따라 동사 '헤매다'의 어간 '헤매'에 명사형 어미 '-ㅁ'이 결합한 '헤맴'으로 표현하는 것이 올바른 표현이다. 이와 같은 예로 '흐리거나 궂은 날씨가 맑아진다.'라는 뜻이 있는 '개다'도 '개임'이 아닌 '갬'이 올바른 표현이다.

201
여행 중에 작은 호텔에 며칠 '머물었다/머물렀다.'

많은 사람들은 5월을 '황금연휴가 있는 달'이라고 표현을 하는데,

이는 '어린이 날'과 '석가탄신일'이 월요일에 있어 주말 연휴가 길기 때문이다. 5月의 황금연휴를 틈타 가족과 함께 여행을 가는 사람들을 쉽게 볼 수 있으며, 여행을 가면 잠자리를 가리는 아이들이 있는 집에서는 숙박시설을 신중하게 고르게 된다. 요즘에는 저렴하고 다양한 숙박시설을 이용하여 호텔에서 지내는 사람들도 종종 있다. 이렇듯 여행 도중에 '멈추거나 일시적으로 어떤 곳에 묵다.'라는 뜻으로 '머물었다'라는 표현을 사용한다.

표준어규정 제16항에서는 '준말과 본말이 다 같이 널리 쓰이면서 준말의 효용이 뚜렷이 인정되는 것은, 두 가지를 다 표준어로 삼는다.'라고 규정하였다. 이에 따라 '머무르다'와 준말 '머물다'는 둘 다 올바른 표현이다. 하지만 비고란에 '모음 어미가 연결될 때에는 준말의 활용형을 인정하지 않음'에 따라 과거형으로 표현할 때에는 '머물었다'가 아닌 '머물렀다'가 올바른 표현이다.

202
우리 반 아이들은 모두 '인디안/인디언' 복장에 찬성하였다.

1492년 콜럼버스에 의하여 발견된 신대륙, 그곳의 원주민들은 머리에 깃털을 꽂고 이마에 두건을 두르고 있어 우리와 차별된 독특한 의상으로, 유치원 학예회나 연극에 사용되어 원주민의 분위기를 흠뻑 느끼게 한다. 우리는 이 의상을 일컬어 '인디안 복장'과 같이 표현하는데 이는 올바르지 못한 표현이다.

외래어표기법 표기세척 제1절 영어의 표기의 제9항에서는 반모음([w], [j])의 표기방법을 규정하였다. "반모음 [j]는 뒤따르는 모음과 합쳐 '야', '애', '여', '예', '요', '유', '이'로 적는다. 다만, [d], [l], [n] 다음에 [jə]가 올 때에는 각각 '디어', '리어', '니어'로 적는다."라고 예를 들어 설명하였다. 발음기호에 따라 표기하는 외래어표기법에 따라

'Indian[indjən]'은 '인디안'이 아닌 '인디언'으로 적는 것이 올바른 표현이다.

203
안주 '일체/일절'의 차이점은?

'일체(一切)'는 명사로 '모든 것', "'일체로' 꼴로 쓰여 '전부' 또는 '완전히'의 뜻을 나타내는 말"이다. '일절(一切)' 부사로 '아주, 전혀, 절대로의 뜻으로, 흔히 사물을 부인하거나 행위를 금지할 때에 쓰는 말'이다. '切'는 '온통 체', '끊을 절'과 같이 두 가지 뜻과 소리가 있다.

204
선비는 '으례/으레' 가난하려니 하고 살아왔다.

옛 문인들을 살펴볼 적에 청렴한 선비들은 조금의 의심도 없는 올곧은 사고를 가지고 있다. 이렇듯 모든 사물에 대하여 예전과 같은 생각을 가지고 있는 것처럼 '두말할 것 없이 당연히, 틀림없이 언제나'라는 표현을 할 때 '으례'라고 표현하는데 이는 올바르지 못한 표현이다.

표준어 규정 10항에서는 '다음 단어는 모음이 단순화한 형태를 표준어로 삼는다.'라고 규정하였다. '으레'는 원래 '의례(依例)'에서 '으례'가 되었던 것인데, '례'의 발음이 '레'로 바뀌어 모음이 단순화 되어 새 형태를 표준어로 삼은 것이다. 이와 같은 예로 '케케묵다'는 '케케묵다', '미류나무'는 '미루나무', '허위대'는 '허우대'로 표현하는 것이 올바른 표현이다.

205
동훈이는 떡 중에 '흰무리[흰무리]/[힌무리]'를 제일 좋아한다.

한국을 대표하는 '불고기, 김치, 비빔밥' 등 많은 종류의 음식이 있지만 그중에 쌀을 이용하여 멋을 낸 '떡'을 빼놓고 한국 음식에 대해 이야기 할 수 없다. 떡은 그 종류도 다양한데, 멥쌀가루를 켜가 없게 안쳐서 쪄 낸 시루떡을 '흰무리'라고 한다. 많은 사람들이 좋아하는 '흰무리'를 발음할 때에 [흰무리]라고 하는데 이는 올바르지 못한 표현이다.

　표준발음법 제5항 "'ㅑ, ㅒ, ㅕ, ㅖ, ㅘ, ㅙ, ㅛ, ㅝ, ㅞ, ㅠ, ㅢ'는 이중 모음으로 발음한다."라고 규정하였다. 하지만 [다만3]에서 "표기 상에서 자음을 얹고 있는 'ㅢ'는 표기와는 달리 [ㅣ]로 발음하고 [ㅡㅣ]나 [ㅡ]로는 발음하지 않는다."라고 하였다. 따라서 흰무리는 [흰무리]가 아닌 [힌무리]로 발음하는 것이 올바른 표현이다. 예로는 '희미하다'는 [히미하다], '유희'는 [유히], '오늬'는 [오니]로 발음하는 것이 올바른 표현이다.

206
연극은 관객을 '웃기기[욷끼기]/[욷:끼기]'도 하고 울리기도 했다.

　연극은 배우가 각본에 따라 어떤 사건이나 인물을 말과 동작으로 관객에게 보여 주는 무대 예술이라고 한다. 이렇듯 상대방에 의해 웃게 될 때에 '웃기다'를 [욷끼다]로 표현하는데 이는 올바르지 못한 표현이다.

　표준발음법 제7항 "긴 소리를 가진 음절이라도, 다음과 같은 경우에는 짧게 발음한다."라고 규정하였다. 그리고 '단음절인 용언 어간에 모음으로 시작된 어미가 결합되는 경우', 또는 '용언 어간에 피동, 사동의 접미사가 결합되는 경우'를 설명하고, 다만에서 "모음으로 시작된 어미 앞에서도 예외적으로 소리를 유지하는 용언 어간들의 피동·사동형의 경우에 여전히 긴소리로 발음된다."라고 규정하였다. 이에 따라서 '웃기다'는 [욷끼다]가 아닌 [욷:끼다]로 발음하는 것이 올바른 표현이다.

207
'독도(Dok-do)/(Dokdo)'는 대한민국 영토입니다.

독도는 경상북도 울릉군에 속하는 화산섬으로 비교적 큰 동도(東島)와 서도(西島) 두 섬 및 부근의 작은 섬들로 이루어져 있다. 대한민국의 영토인 독도를 로마자 표기법에 따라 표기할 경우 'Dok-do'로 표기하는데 이는 올바르지 못한 표현이다.

로마자 표기법 제6항 "자연 지물명, 문화재명, 인공 축조물명은 붙임표(-) 없이 붙여 쓴다."라고 규정하였다. 이에 따라서 독도를 로마자 표기법으로 표기할 경우 'Dokdo'로 쓰는 것이 올바른 표현이다.

208
뜨거운 눈물을 '겉잡기/걷잡기' 어려웠다.

방송사의 한 프로그램은 여러 가지 사연으로 부모와 떨어져 성장한 사람들을 소개하고, 부모님을 찾는 일을 도와준다. 우여곡절 끝에 스튜디오는 부모와 자식 간의 만남이 이루어질 때면 언제나 눈물바다가 된다. 이렇듯 가슴 찡한 장면을 보면 '뜨거운 눈물을 겉잡기 어렵다.'라고 표현하는데 이는 올바르지 못한 표현이다.

한글 맞춤법 제57항 "다음 말들은 각각 구별하여 적는다."라고 규정하였다. '걷잡다'는 '쓰러지는 것을 거두어 붙잡다'란 뜻을 나타내며, '겉잡다'는 '겉가량하여 먼저 어림치다'란 뜻을 나타낸다. 따라서 위 예문은 "뜨거운 눈물을 걷잡기 어려웠다."로 쓰는 것이 올바른 표현이다.

예로는 '가름'과 '갈음', 거름'과 '걸음'과 같은 표현도 정확한 뜻으로 올바르게 표현해야 한다.

209
가을 분위기에 어울리는 '베갯잇[베갠닙]/[베갣닏]'을 사고 싶다.

아침저녁으로 가을 날씨를 느끼기에 충분한 요즘에는 더운 여름과 달리 도톰한 이불을 찾기 마련이다. 이불에 신경을 쓰게 되면 그에 맞추어 베갯잇과 같은 침실 소품을 선택하여 분위기를 내게 된다. 침실 가구 중에 '베개의 겉을 덧씌워 시치는 헝겊'을 이야기 하는 '베갯잇'은 주로 [베갠닙]이라고 발음하는 경우가 자주 발생한다.

표준 발음법 제30항에서 '사이시옷이 붙은 단어는 다음과 같이 발음한다.'라고 규정하고 "사이시옷 뒤에 '이' 소리가 결합되는 경우에는 [ㄴㄴ]으로 발음한다."라고 설명하였다. '베갯잇'을 발음 할 때 사이시옷 뒤에 '이'가 결합되어 'ㄴ'이 첨가되기 때문에 사이시옷은 자연히 [ㄴ]으로 발음된다. 이에 따라 [베갣닏]에 '이' 소리가 결합되어 [베갠닏]으로 발음되는 것이다. 예로는 '깻잎' [깯닙→깬닙], '나뭇잎' [나묻닙→나문닙], '도리깨채의 끝에 달려 곡식의 이삭을 후려치는 곧고 가느다란 나뭇가지'의 뜻이 있는 '도리깻열' [도리깯녈→도리깬녈]로 발음하는 것이 올바른 표현이다.

210
시댁에서 처음 맞는 명절에 마음을 '조렸다/졸였다.'

성인이 되어 결혼을 하게 되면 새로운 가정을 만들게 된다. 새로운 가족의 구성원으로 남편과 아내의 친인척을 처음 만나게 되는 자리는 바짝 긴장을 하기 마련이다. 이렇듯 마음을 편히 하지 못하고 초조해 할 때 '조린다'는 표현을 사용하는데 이는 '졸인다'로 쓰는 것이 올바른 표현이다.

한글맞춤법 제57항에서 "다음 말들은 각각 구별하여 적는다."라고 규정하고 구별하여 적을 말을 설명하였다. '조리다'는 '어육이나 채소 따위를 양념하여 간이 충분히 스며들도록 국물이 적게 바짝 끓인다.' 란 뜻이며, '졸이다'는 '찌개, 국, 한약 따위의 물이 증발하여 분량이 적어지다.' 그리고 '위협적이거나 압도하는 대상 앞에서 겁을 먹거나 기를 펴지 못하다.'를 속되게 이르는 말 '쫄다'의 사동사의 표현과 '속을 태우다시피 초조해하다.'란 두 가지 뜻이 있다.

211
어머니는 바쁘셔서 그런지 '빈자떡/빈대떡' 뒤집는 것도 잊으셨다.

추적추적 가을비가 내리는 날이면 대부분의 사람들은 기름이 있는 음식을 찾게 되며, 제일 먼저 파전에 막걸리를 떠올리곤 한다. 이렇듯 기름을 둘러 고소하게 구운 동그란 모양의 전을 이이기 할 때 '빈자떡'이라 하는데 이는 올바르지 못한 표현이다.

표준어규정 제24항에서 '방언이던 단어가 널리 쓰이게 됨에 따라 표준어이던 단어가 안 쓰이게 된 것은, 방언이던 단어를 표준어로 삼는다.'라고 규정하였다. 이에 따라서 방언이던 '빈대떡'이 널리 쓰임에 따라 '빈대떡'을 표준어로 삼고 '빈자떡'을 비표준어로 정한 것이다. 예로는 '이마 한 가운데를 중심으로 좌우로 갈라 귀 뒤로 넘겨 땋은 머리'의 뜻이 있는 '귓머리'는 '귀밑머리'가 올바른 표현이다.

212
갓난아이는 '배냇저고리/깃저고리'를 입힌다.

아기를 가진 엄마는 아기가 태어나기까지 10개월 간 많은 정성과 노력을 다하기 마련이다. 요즘은 특히, 아기가 태어나서 처음 입는 옷인 배냇저고리나 장난감 등을 엄마가 직접 만드는 것이 유행할 정도로 정성을 쏟는 모습을 발견할 수 있다. '배냇저고리'는 '배내옷, 깃저고리' 등의 다양한 말이 쓰이고 있다.

표준어 규정 제26항 '한 가지 의미를 타나내는 형태 몇 가지가 널리 쓰이며 표준어 규정에 맞으면, 그 모두를 표준어로 삼는다.'라고 규정하였다. 이에 따라서 '깃과 섶을 달지 않은, 갓난아이의 옷'의 뜻이 있는 '깃저고리, 배내옷, 배냇저고리'는 모두 올바른 표현이다.

예로는 '돼지감자, 뚱딴지', '땅콩, 호콩', '마파람, 앞바람' 등이 있다.

213
어떤 사람이 우리집 유리창을 '부시고/부수고' 도망갔다.

어린 시절 골목에서 공놀이를 하다가 이웃집 유리창을 부수고 달아난 경험은 누구에게나 있을 것이다.

이처럼 유리창이나 건물 등 '단단한 물체를 여러 조각이 나게 두드려 깨뜨리다.'라는 의미로 '부수다'를 쓴다. '부시고'는 '부수고'로 써야 올바른 표현이다. 참고적으로 '부시다'가 옳은 표현이 되는 경우는 『표준국어대사전』에 의하면, 동사 '부시다'는 '그릇 따위를 깨끗이 씻다'는 의미를 띠고, 형용사 '부시다'는 '마주 보기가 어렵도록 빛이나 색채가 강렬하다'로 명시되어 있다.

따라서, 어떤 사물을 이용해서 단단한 것을 깨뜨릴 경우에는 '부수다' 곧, '동네 아이들이 유리창을 부수고 달아났다.'라고 해야 올바른 표현이다.

214
감이 덜 익어 '떫다[떱따]/[떨따].'

요즘 시골에서는 잘 익은 감들이 탐스러운 모습으로 주렁주렁 달려 있는 모습을 자주 발견할 수 있다. 감은 둥글거나 둥글넓적하고 빛이 붉을수록 맛있는 과일로 요즘처럼 늦가을 물렁하게 잘 익은 홍시는 보기만 해도 군침이 돈다. 감이 홍시가 되기 전에 그 맛을 보면 누구나 "감이 떫다[떱다]."라고 표현한다.

표준 발음법 제10항에서 "겹받침 'ㄳ', 'ㄵ', 'ㄼ, ㄽ, ㄾ', 'ㅄ'은 어말 또는 자음 앞에서 각각 [ㄱ, ㄴ, ㄹ, ㅂ]으로 발음한다."라고 규정하였다. 이에 따라서 '맛이 거세고 텁텁하다'라는 뜻이 있는 '떫다'는 [떱따]가 아닌 [떨따]로 올바르게 표현해야 한다. 예로는 '밟다'[밥ː따], '앉다'[안따], '여덟'[여덜] 등이 있다.

<h2>215</h2>

'하루밤/하룻밤' 사이에 눈이 소복이 쌓였다.

대부분의 사람들은 추운 겨울이 오면 온 세상을 하얗게 만드는 눈을 기다린다. 만약에 전날 잠들기 전에는 없었던 눈이 이튿날 아침에 소복하게 쌓여 있다면 누구든지 어린 아이처럼 좋아한다. 이렇듯 해가 지고 나서 다음 날 해가 뜰 때까지의 동안을 이야기 할 때 '하루밤'으로 표현하는데 이는 올바르지 못한 표현이다.

한글 맞춤법 제30항 '사이시옷은 다음과 같은 경우에 받치어 적는다.'라고 규정하고 '순 우리말로 된 합성어로서 앞말이 모음으로 끝난 경우, 순 우리말과 한자어로 된 합성어로서 앞말이 모음으로 끝난 경우, 두 음절로 된 다음 한자어'일 경우를 설명하였다. 이에 따라서 '하루밤'은 순 우리말로 된 합성어로서 앞말이 모음으로 끝난 경우, 뒷말의 첫소리가 된소리 [하루빰/하룬빰]으로 발음되므로 '하룻밤'으로 올바르게 발음한다.

예로는 '바다가'는 [바다까/바닫까]로 발음되므로 '바닷가'로, '조개살'은 [조개쌀/조갣쌀]로 발음되므로 '조갯살'로 올바르게 발음한다.

216

빵이 있었는데, '어디갔지/어디 갔지'의 띄어쓰기는?

'빵이 있었는데, 어디갔지.'는 '어디 갔지.'라고 써야 올바른 표현이다. '있었는데'는 '데'를 의존 명사로 생각해 띄어 쓰는 오류를 범할 수 있으나, '있다' 동사의 어간 '있-'과 사건, 행위가 이미 일어났음을 의미하는 어미 '-었-', 뒤 절에서 어떤 일을 설명하거나 묻거나 시키거나 제안하기 위하여 그 대상과 상관되는 상황을 미리 말할 때에 쓰는 연결 어미 '-는데'가 결합한 형태로 붙여 써야 한다.

217

심판은 경기 시작을 알리는 '휘이슬/휘슬(whistle)'을 힘껏 불었다.

요즘은 기온이 낮고, 호흡기관에 영향을 좋지 않은 영향을 주는 황사가 있어 많은 사람들이 실내에서 운동을 한다. 실내에서 운동을 할 경우에는 여러 소리가 울려 들리기 때문에 경기를 진행할 수 있는 특별한 신호가 필요하다. 이렇듯 경기의 시작이나 종료를 알릴 때 사용하는 신호를 외래어 표현인 'whistle'을 사용하여 '휘이슬'로 표현한다.

외래어 표기법 제3장 표기 세칙, 제1절 영어의 표기, 제9항에서는 반모음([w], [j]) 표기방법을 규정하였다. "[w]는 뒤따르는 모음에 따라 [wə], [wɔ], [wou]는 '워', [wa]는 '와', [wæ]는 '왜', [we]는 '웨', [wi]는 '위', [wu]는 '우'로 적으며, 자음 뒤에 [w]가 올 때에는 두 음절로 갈라 적되 [gw], [hw], [kw]는 한 음절로 붙여 적는다."라고 하였다. 이에 따라서 'whistle'은 '휘슬'로 올바르게 표현해야 한다. 예로는 'swing'는 '스윙', 'twist'는 '트위스트' 등이 있다.

원룸/인라인/온라인/아울렛의 발음은?

표준발음법 제20항에서 "'ㄴ'은 'ㄹ'의 앞이나 뒤에서 [ㄹ]로 발음한다."라고 규정하고 있다. 이에 따라 '원룸'은 [월룸], '인라인'은 [일라인], '온라인'은 [올라인]으로 발음해야 한다.

또한 받침 'ㄲ, ㅋ', 'ㅅ, ㅆ, ㅈ, ㅊ, ㅌ', 'ㅍ'은 어말 또는 자음 앞에서 각각 대표음 [ㄱ,ㄷ,ㅂ]으로 발음된다는 규정에 따라 '아울렛'은 [아울렏]으로 발음하는 것이 올바른 표현이다.

'레포트/리포트'를 15일까지 가지고 오라고 하셨다.

'report'는 [ripɔːrt]로 발음합니다. 이는 외래어 표기법 제2장 표기 일람표 [표1] 국제 음성 기호화 한글 대조표에 표기된 발음기호에 따라서 'i'는 [이]로 발음해야 하므로 '리포트'로 표현하는 것이 올바른 표현이다.

'물고기, 불고기'의 발음은?

'물고기'는 명사로 어류의 척추동물을 통틀어 이르는 말이며, [물꼬기]로 발음한다. '불고기'는 역시 명사로 쇠고기 따위의 살코기를 저며 양념하여 재었다가 불에 구운 음식 또는 그 고기로 [불고기]로 발음한다. 복합 명사와 사이시옷이 어울릴 때에는 사이시옷이 나타나는 경우와 나타나지 않는 경우가 있다.

사이시옷이 나타지 않는 경우는 'A가 B의 형상, A가 B의 재료, A

가 B의 수단·방법, A가 B와 동격, A(유정언체)가 B의 소유주·기원'일 때로 '불고기'는 '불'이 고기를 요리하는 수단 및 방법으로 'A가 B의 수단·방법'에 해당한다.

사이시옷이 나타나는 경우는 'A가 B의 시간, A가 B의 장소, A(무정체언)가 B의 기원·소유주, A가 B의 용도'일 때로 '물고기'는 물이 고기가 살고 있는 장소로 'A가 B의 장소'에 해당한다.

이에 따라 중세어 '믌고기'로 표기하던 것의 사이시옷이 '믈+ㅅ+고기'와 같이 결합하여 현재 [물꼬기]로 발음되는 것이다.

221
'우리 아버님은 '갈래야/가려야' 갈 수 없는 고향을 바라만 보고 계신다.

표준어규정 제17항에서는 '비슷한 발음의 몇 형태가 쓰일 경우, 그 의미에 아무런 차이가 없고 그 중 하나가 더 널리 쓰이면, 그 한 형태만을 표준어로 삼는다.'라고 규정하고 있다. 이에 따라 '-(으)려고'만을 표준어로 삼고 '-(으)ㄹ려고'는 비표준어로 올바르지 못한 표현이다.

이는 약간의 발음 차이로 두 형태, 또는 그 이상의 형태가 쓰이는 것들에서 더 일반적으로 쓰이는 형태 하나만을 표준어로 삼은 것이다. 이에 따라서 '갈려야' 또한 '가려야'와 같이 쓰는 것이 올바른 표현이다.

222
유럽을 '한 달 간/한 달간' 여행을 하였다.

'한 달간'이 올바른 표기이다. 이때의 '-간(間)'은 기간을 나타내는 일부 명사 뒤에 붙어 '동안'의 뜻을 더하는 접미사이다. 접미사는 앞말에 붙여 써야 하므로 '한 달간'과 같이 쓰는 것이 올바른 표기이다. 같은 예로는 '이틀간, 삼십 일간' 등으로 사용할 수 있다.

또한 '간'이 의존명사로서 '한 대상에서 다른 대상까지의 사이'나, '관계', '앞에 나열된 말 가운데 어느 쪽인지를 가리지 않는다는 뜻을 나타내는 말' 등의 의미로 쓰일 때에는 '서울과 부산 간 야간열차', '공부를 하든지 운동을 하든지 간~'과 같이 앞말과 띄어 쓰는 것이 올바른 표기이다.

223
'우리 같이/우리같이' 갈까?

'같이'는 조사이므로 앞말에 붙여 써야 한다. 하지만 '우리와 같이 갈까?' 에서의 '같이'는 부사이다. 혼동하지 말고 정확하게 써야 한다.

224
김치거리/김칫거리

'김칫거리'는 '김치'와 '거리'가 합하여진 단어로 [김치꺼리], [김칟꺼리]와 같이 된소리가 나기 때문에 사이시옷이 들어간 '김칫거리'가 올바른 표현이다.

한글맞춤법 제30항에서는 순 우리말로 된 합성어로서 앞말이 모음으로 끝난 경우 뒷말의 첫소리가 된소리로 나는 것은 사이시옷을 받치어 적도록 규정하고 있다. 이에 따라 '김치'는 모음 'ㅣ'로 끝났으며 [김치꺼리]의 된소리로 발음되기 때문에 사이시옷을 받친 형태인 '김칫거리'로 적는 것이 올바른 표현이다.

225
'꽃이'의 발음 표기는?

'꽃이'는 [꼬치]로 발음한다. 표준 발음법 제13항 '홑받침이나 쌍받침이 모음으로 시작된 조사나 어미, 접미사와 결합되는 경우에는, 제 음가대로 뒤 음절 첫 소리로 옮겨 발음한다.'라는 규정에 따른 것으로 받침이 있는 경우 표준 발음법에 따라 발음하는 것이 올바른 표현이다.

226
뒤에 오는 차가 '끼어들기/끼여들기'를 하였다.

'끼어들기'는 '자기 순서나 자리가 아닌 틈 사이를 비집고 들어서다.'라는 뜻의 우리말 '끼어들다'에서 파생된 단어라고 할 수 있다. 보통 '끼여들기'로 잘못 쓰는 경우가 많은데, 이는 표준발음법에서 '끼여들다, 끼여들기'와 같은 발음을 인정하기 때문으로 볼 수 있다. 그러나 표기에서는 '끼어들다, 끼어들기'로 쓰는 것이 올바른 표현이다. 또한 '끼어들다'는 '끼이다'의 준말인 '끼다'에 '-어들다'가 결합하여 형성된 단어로 분석되기 때문에 '끼어들다, 끼어들기'로 써야 한다.

227
저수지의 환경을 '낚시꾼/낚싯꾼'들이 오염시킨다.

한글맞춤법 제4절에서는 합성어 및 접두사가 붙은 말에 대해서 다양한 규정을 정해 놓았다. 특히, 사이시옷에 대해 제30항에서 '순 우리말로 된 합성어'나 '순 우리말과 한자어로 된 합성어' 등에 관한 사이시옷을 받치어 적는 방법을 규정하여 놓았다. 그러나 '낚시꾼'은 명사 '낚시'와 주로 명사 뒤에 붙어 '어떤 일을 전문적으로 하는 사람'이라는 의미가 있는 접미사 '-꾼'이 합쳐져 형성된 파생어로 사이시옷을 받치어 적는 경우에 속하지 않는다. 따라서 '낚싯꾼'이 아닌 '낚시꾼'으로 표기해야 한다.

228
조개 '껍질/껍데기'를 모았다.

윤형주의 '라라라'는 본 제목인 '라라라'보다는 '조개 껍질 묶어'라는 가사로 더 친숙한 노래이다. 이 노래는 상당히 많은 사람들에게 사랑을 받아 왔지만 이 노래 가사에 나오는 '조개 껍질 묶어'에서 '조개 껍질'이 올바른 표현이 아니라는 것을 아는 사람은 드물다.

'껍질'은 『표준국어대사전』에서 '딱딱하지 않은 물체의 겉을 싸고 있는 질긴 물질의 켜, 곧 포개어진 물건의 하나하나의 층'이라고 정의하고 있다. '껍질'은 사과나 복숭아, 귤 등의 겉 표면을 말한다.

'조개'는 '껍질'이 아닌 '달걀이나 조개 따위의 겉을 싸고 있는 단단한 물질'을 이르는 '껍데기'로 써야 한다. 곧, '조개껍데기'가 올바른 표현이다.

'라라라' 노래를 올바른 표현으로 고치면, '조개껍데기 묶어 그녀의 목에 걸고…'가 된다.

229
'넋과'의 발음은?

표준 발음법 제10항을 보면 '겹받침 'ㄳ', 'ㄵ', 'ㄼ, ㄽ, ㄾ', 'ㅄ'은 어말 또는 자음 앞에서 각각 [ㄱ, ㄴ, ㄹ, ㅂ]으로 발음한다.'라고 규정하고 있다. 그렇기 때문에 받침 'ㄳ'은 'ㄱ'으로 발음하게 된다. 그리고 표준 발음법 제23항에는 "받침 'ㄱ(ㄲ, ㅋ, ㄳ, ㄺ), ㄷ(ㅅ, ㅆ, ㅈ, ㅊ, ㅌ), ㅂ(ㅍ, ㄼ, ㄿ, ㅄ)' 뒤에 연결되는 'ㄱ, ㄷ, ㅂ, ㅅ, ㅈ'은 된소리로 발음한다."라고 되어 있다. 이에 따라 '넋과'는 [넉꽈]로 발음하는 것이 올바른 표현이다.

230
강아지는 음식을 '넓죽/넙죽' 받아먹었다.

'넙죽'은 무엇을 받아먹거나 말대답할 때 입을 닁큼 벌렸다가 다는 모양', '닁큼 엎드려 바닥에 몸을 대는 모양'이라는 뜻이 있다. 이는 '넓다'와 같은 어휘에서 파생된 단어로 생각하기 쉽기 때문에 그에 이끌려 '넓죽'으로 쓰기 쉽다. 그러나 한글맞춤법 제21항 '다만2'에서 '어원이 분명하지 아니하거나 본뜻에서 멀어진 것은 원형을 밝혀 적지 않아도 된다.'라고 규정하고 있다.

이에 따라 '넙죽 받아먹다.'와 같이 쓰일 경우에는 '넓죽'으로 쓰지 않도록 유의해야 한다.

231
'넓죽하다'의 발음은?

표준 발음법 제10항에서 겹받침 'ㄳ, ㄵ, ㄼ, ㄽ, ㄾ, ㅄ'은 어말 또는 자음 앞에서 각각[ㄱ, ㄴ, ㄹ, ㅂ]으로 발음하도록 규정하고 있다. 그리고 '다만'에서 '넓-'이 [넙]으로 발음되는 경우에 대해서 규정하고 있다. '넓다'의 경우는 [ㄹ]로 발음해야 하나, 파생어나 합성어의 경우에는 [넙]으로 발음하도록 규정하고 있다. 이에 따라 '넓죽하다'는 [넙쭈카다]로 발음하는 것이 올바른 표현이다. 또한 [ㄹ]로 발음되는 경우에는 아예 [널따랗다], '널찍하다' 등과 같이 표기하도록 한글맞춤법 제21항에 따로 규정하고 있다.

232
근수는 수민이를 '꼬셨다/꼬였다.'

가끔 친한 친구나 주변 사람들이 어떤 일을 할 때에 혼자하기 싫을 경우, '그럴 듯한 말이나 행동으로 남을 속이거나 부추겨서 자기 생각대로 끌다.'라는 의미의 표현으로 '꼬시다'라는 말을 자주 하는 것을 들을 수 있다.

그렇지만 이 '꼬시다'는 올바르지 못한 속어표현이다. '꼬시다'는 '꼬이다' 또는 꼬이다의 준말인 '꾀다'로 써야 올바른 표현이다. 이때, '꾀다'는 사동형과 피동형이 '꼬이다'인 동일한 형태로 나타나므로, 이 문장요소는 문장 중에 제시되어야만 이를 구별하여 판단할 수 있다.

(1) 철수가 민주를 꼬이다.
(2) 민주는 나쁜 친구의 꼬임에 빠져 인터넷 게임만 한다.
(3) 백곡 저수지에는 물고기가 많이 꼬인다.

(1)은 사동태의 의미로 나타나고, (2)는 연어의 구성으로 부정적 의미의 피동태로 나타난다. (3)은 물론 피동태다. 따라서 '꼬시다'는 사동형을 구별하기 위해서 나타난 비속어 형태가 아닌가 한다. 곧, '원기가 지금 명희를 꼬이고 있는 거지?'라고 해야 올바른 표현이다.

233
'닭개장/닭계장'은 무엇이 올바른가?

'육개장'이라는 음식은 개고기를 먹지 못 하는 사람들을 위해서 개장에 개고기 대신 소고기를 넣었기 때문에 만들어진 것이다. '육계장'이 틀린 이유는, 원래 음식이 '계장'이 아닌 '개장'이기 때문이다. 이렇듯 '닭개장'은 쇠고기 대신에 닭고기를 넣어 육개장처럼 끓인 음식을 말한다. '닭'과 '개장'이 결합한 말이다. 따라서 '닭개장'이 올바른 표현이다.

234
친구는 '삐까뻔쩍'한 차를 타고 학교에 왔다.

친구들과 시내에서 만나기로 약속한 장소에 가서 친구를 만났을 때, 친구가 좋은 새 옷을 입거나 구두를 신고 오면, '야! 너 오늘 삐까뻔쩍하구나!'라고 말한다. 그러나 이 '삐까뻔쩍'은 '번쩍번쩍'이라는 우리말과 이에 해당하는 일본어 '삐까삐까(ぴかぴか)'가 뒤섞여 나온 말이다. 아직도 기성세대들은 이 '삐까뻔쩍'이라는 말을 자주 쓴다.

이런 경우에는 '오늘 철수가 입고 온 옷이 멋지다!' 또는 '철수가 오늘 입고 온 옷이 근사하다.' 등으로 순화해서 사용해야 한다. 일본어와 우리말이 뒤섞인 말은 더 이상 쓰지 말아야 한다.

235
'개꽁지/개꼬리'의 털이 모두 빠졌다.

'꼬리'는 길짐승에게 쓰는 말이고, '꽁지'는 날짐승에게 쓰는 말이기 때문이다. '개꽁지'라고 하면 잘못된 표현이다. 반대로 '새꼬리'는 틀린 말이고, '새꽁지'가 올바른 표현이다.

황모라는 것은 족제비 꼬리털인데 붓을 매는 데 쓰는 것이다. 그러니까 개의 꼬리털로는 아무리 해도 붓을 맬 수 없으니까 '개꼬리 삼 년 묵어도 황모되지 않는다.', '흰 개꼬리 굴뚝에 삼 년 두어도 흰 개꼬리다.'라는 속담도 같은 뜻으로 쓴다. 이렇게 본바탕이 좋지 않은 것은 아무리 하여도 그 본질이 좋게 될 수 없다는 뜻으로 쓴다.

236
사과를 '먹던지/먹든지' 해라.

'-던지', '-든지'는 자주 혼동되어 쓰이지만 서로 다른 뜻이 있는 표현으로 구분하여 써야 한다. 한글맞춤법 제56항은 '-더라, -던'과 '-든지'를 구분하여 적도록 규정하고 있다.

'-던지'는 지난 일을 회상하는 뜻을 나타내는 어미인'-더-'에 어미 '-ㄴ지'가 결합된 형태로 "어제는 얼마나 춥던지….''와 같이 사용할 수 있다.

'-든지'는 물건이나 일의 내용을 가리지 않는 뜻을 나타내는 조사이며 어미이다. 예를 들면, "볼펜이든지 연필이든지 아무거나 써.", "자든지 말든지 알아서 해.''와 같이 조사나 어미로 쓰이며 '-든'으로 줄여서 쓰기도 한다.

237
'돼/되'의 차이점은?

'되다'는 "새로운 신분이나 지위를 가지다, 다른 것으로 바뀌거나 변하다, 어떤 때나 시기, 상태에 이르다, 일정한 수량에 차거나 이르다, 어떤 대상의 수량, 요금 따위가 얼마이거나 장소가 어디이다, 사람으로서의 품격과 덕을 갖추다, 어떠한 심리적 상태에 놓이다, ('…과'가 나타나지 않을 때는 여럿임을 뜻하는 말이 주어로 온다) 어떤 사람과 어떤 관계를 맺고 있다."등의 뜻이 있다.

이때, '되다'와 '돼다'의 두 가지 형태의 말이 있는 것이 아니고, '되

다'에 '-어, -어라, -었-' 등이 결합되어 '되어, 되어라, 되었-'과 같이
활용한 것이 줄 경우에 '돼, 돼라, 됐-'의 '돼-' 형태가 나오는 것이다.
'돼-'는 한글 맞춤법 제35항 [붙임 2] "'ㅚ' 뒤에 '-어, -었-'이 아울
러 '내, 냈'으로 될 적에는 준 대로 적는다.'라는 규정에 따라 '되어-'
가 줄어진 대로 쓴 것이다. 부사형 어미 '-어'나 '-어'가 선행하는 '-어
서, -어야' 같은 연결 어미 혹은 과거 표시의 선어말 어미 '-었-'이
결합한 '되어, 되어서, 되어야, 되었다'를 '돼, 돼서, 돼야, 됐다'와 같이
적는 것도 모두 이 규정에 근거한 것이다.

'돼다'의 '돼'는 '되어'의 줄임 표현으로 혼동하지 않고 올바르게 표
현해야 한다.

238
시험 시간을 30분 '늘이다/늘리다.'

학창시절, 매번 치르는 중간고사와 기말고사에서 "시간이 부족해서
문제를 다 풀지 못했어."라는 말을 해본 적이 있을 것이다. 시험을 볼
때는 긴장을 해서 그런지 시험 시간이 늘 부족하게 느껴진다. 이 때,
'시간이 조금 더 있었으면……'하는 생각이 들 때가 있는데, 원래의
시간보다 시간을 길게 주는 것과 같은 경우 '시간을 늘이다'라는 표현
을 쓴다. 그러나 '시간을 늘리다'로 쓰는 것이 올바른 표현이다.

한글 맞춤법 제57항은 '다음 말들은 각각 구별하여 적는다.'라고 규
정하였다. 이에 따라서 '느리다', '늘이다', '늘리다'의 뜻에 맞게 올바
르게 표현해야 한다. '느리다'는 '어떤 동작을 하는 데 걸리는 시간이
길다, 어떤 일이 이루어지는 과정이나 기간이 길다.'의 뜻이 있으며,
'늘이다'는 "본디보다 더 길게 하다, 주로 '선'과 관련된 말을 목적어로
하여 선 따위를 연장하여 계속 긋다."의 뜻이 있다. '늘리다'는 '물체의
길이나 넓이, 부피 따위가 본디보다 커지다, 수나 분량, 시간 따위가

본디보다 많아지다, 힘이나 기운, 세력 따위가 이전보다 큰 상태가 되다.' 등의 뜻이 있다.

239
그 영산홍은 '너무' 예쁘게 피었다.

요즘 '너무'가 지나치게 남용되어, '참'이나 '매우'라고 말해야 할 자리에서 '너무'라고 말하는 사람들이 많다. 이는 올바르지 못한 표현이다.

'너무'는 '일정한 정도나 한계에 지나치게'라는 의미이지만, 실제로 '보통 정도보다 훨씬 더'의 뜻인 '매우'를 써야 할 자리에 많이 쓰인다. 따라서 '꽃이 너무 예쁘다.'는 형용사적 용법에는 '꽃이 매우 예쁘다.'로 고쳐 써야 올바른 표현이다.

또한 '오늘은 너무 바빴어요.'의 경우, '오늘은 매우 바빴어요.'라고 써도 두 표현이 모두 적절한 표현이 될 수 있다. 왜냐하면, 사람이 주어 역할을 하여, '너무'는 화자의 주관적 판단에 의존하여 발화한 경우이고, '매우'의 경우는 화자의 생각에 객관적으로 다른 날에 비하여 일의 양이 많았던 때에 사용할 수 있다.

이 '너무'는 '비가 너무 내린 것 같아요.', '물을 너무 많이 마시지 말아라.'와 같은 경우에서처럼 양이 '지나치게'의 뜻을 표현할 때, 사용하는 과장성 부사이다. 이 말을 '참'이나 '매우'를 써야 할 자리에 너무 남용하지 말아야 한다.

240
우리들이 자주 먹는 '누네띠네'를 아시나요?

[누네띠네]는 '눈에 띄네'의 표준 발음으로 '띄네'가 올바른 표기이

다. '띄네'는 '뜨이다'의 준말인 '띄다'에 '-네'가 합쳐져 형성된 단어이다. '눈에 띄네'는 '눈에 보이다.', "'눈에'와 함께 쓰여 남보다 훨씬 두드러지다."의 뜻이 있다.

241
공부를 열심히 '함으로서/하므로써' 결과 좋다.

'로서'는 받침 없는 체언이나 'ㄹ' 받침으로 끝나는 체언 뒤에 붙어 지위나 신분 또는 자격을 나타내는 격조사, (예스러운 표현으로) 어떤 동작이 일어나거나 시작되는 곳을 나타내는 격조사이다. 예를 들면 '그것은 교사로서 할 일이 아니다.', '그는 친구로서는 좋으나, 남편감으로서는 부족한 점이 많다.', '이 문제는 너로서 시작되었다.'와 같이 표현할 수 있다.

'로써'는 받침 없는 체언이나 'ㄹ' 받침으로 끝나는 체언 뒤에 붙어 어떤 물건의 재료나 원료를 나타내는 격조사, 어떤 일의 수단이나 도구를 나타내는 격조사, 시간을 셈할 때 셈에 넣는 한계를 나타내는 격조사이다. 예를 들면, '콩으로써 메주를 쑤다.', '쌀로써 떡을 만든다.', '말로써 천 냥 빚을 갚는다고 한다.', '고향을 떠난 지 올해로써 20년이 된다.' 등과 같이 표현할 수 있다.

242
그 사람은 '외누리'이 없이 장사를 한다.

'외누리'는 '에누리'로 써야 올바른 표현이다. '에누리'는 '물건 값을 받을 값보다 더 많이 부르는 일이나 그 물건 값', '값을 깎는 일', '실제보다 더 보태거나 깎아서 말하는 일', '용서하거나 사정을 보아주는 일' 등을 뜻한다.

'에누리 없다'는 '용서하거나 사정을 보아주는 일', '조금도 보태거나 덜어서 말하는 데가 없이 사실 그대로다.'라는 뜻으로 쓰이고 있다. 예를 들면 '일 년 열두 달도 다 사람이 만든 거고 노래도 다 사람이 만든 건데 에누리 없이 사는 사람 있던가?'가 있다. 또한 '에누리하다'의 예로 '그녀는 자신의 과거를 에누리하지 않고 솔직히 말했다.'가 있다.

243
'에게/한테'는 어떻게 다른가요?

'에게'는 조사로 사람이나 동물 따위를 나타내는 체언 뒤에 붙어 '일정하게 제한된 범위를 나타내는 격조사'이다. 어떤 물건의 소속이나 위치를 나타낸다. '어떤 행동이 미치는 대상을 나타내는 격조사', '어떤 행동을 일으키는 대상임을 나타내는 격조사'이다.

'한테'도 사람이나 동물 따위를 나타내는 체언 뒤에 붙어 '일정하게 제한된 범위를 나타내는 격조사'이다. '에게'보다 더 구어적이다. 그리고 '어떤 행동이 미치는 대상임을 나타내는 격조사로 어떤 물건의 소속이나 위치'를 나타낸다.

244
'이래 뵈도/이래 봬도'는 무엇이 바른가요?

'이래 봬도'는 '이리하여'의 준말인 '이래'와 '보아도'의 준말인 '봬도'가 합하여진 표현이다. 부사는 뒤의 말과 띄어 써야 하기 때문에 '이래 봬도'라고 띄어 쓰는 것이 올바른 표현이다. '뵈다'는 '보이다'의 준말이며, 모음 'ㅗ, ㅜ'로 끝난 어간에 '-아/-어, -았-/-었-'이 어울려 'ㅘ/ㅝ, 왔/웠'으로 될 적에는 준 대로 적어야 하기 때문에 '이래 뵈도'

가 아닌 '이래 봬도'가 올바른 표현이다.

245
'비곗덩어리/비계덩어리'는 어떤 것이 올바른가요?

사이시옷은 순우리말로 된 합성어로서 앞 말이 모음으로 끝난 경우에 받치어 적는데, '비계+덩어리'는 순 우리말로 된 합성어로 뒷말의 첫소리가 된소리로 [비계떵어리/비곈떵어리]와 같이 표현되므로 '비곗덩어리'로 쓰는 것이 올바른 표현이다.

246
'그 뿐만/그뿐만' 아니라.

'그뿐만 아니라'가 올바른 표현이다. 이때의 '뿐'은 '그것만이고 더는 없다'는 뜻을 나타내는 보조사로 '둘뿐이다./가진 것이 이것뿐이냐?/ 친구에게 뿐만 아니라 후배에게도 인기가 있다.' 등과 같이 앞말과 붙여 쓰는 것이 올바른 표현이다. 의존 명사 '뿐'은 용언 뒤에 쓰여 '다만 어떠하거나, 어찌할 따름'의 뜻을 나타내는 말이다. 예를 들면 '들었을 뿐만 아니라 직접 보았다./말해 봤을 뿐이다.'와 같이 띄어 써야 한다.

247
'중'의 띄어쓰기는?

'중'은 일부 명사 뒤에 쓰여 '-는-', '-던-' 뒤에 쓰여 '무엇을 하는 동안'을 나타내는 의존 명사이다. 한글맞춤법에서 의존 명사는 띄어 쓴다는 원칙에 따라 '회의 중', '부재 중'과 같이 띄어 쓰는 것이 올바른 표현이다. 이와 같은 예로 '근무 중', '수업 중', '식사 중', '방송 중', '그러던 중' 등이 있다.

248
'한 달/한달'의 띄어쓰기는?

명사 '달'은 '한 해를 열둘로 나눈 것 가운데 하나의 기간'으로, '이 번 달, 다음 달 말까지 확답을 하겠다.' 등과 같이 표현한다. 의존 명사 '달'은 '주로 고유어 수 뒤에 쓰여 한 해를 열둘로 나눈 것 가운데 하나의 기간을 세는 단위'의 뜻이다. 한글 맞춤법 제43항에 따르면 '단위를 나타내는 의존 명사는 그 앞의 수관형사와 띄어 쓴다.'고 되어 있기 때문에 '한 달, 두 달, 몇 달 동안 병원에 다니며 치료를 받았다.' 등과 같이 표현한다.

249
'09년 3월 7일/09. 3. 7.'에 대하여 알려주세요?

문장 부호 쓰임에 보면 '아라비아 숫자만으로 연월일을 표시할 적에 쓴다.'라고 되어 있다. 그리고 요일은 '연, 월'을 마침표로 표시한 뒤에 묶음표를 사용하여 쓰면 된다. 즉, 날짜 표기는 '09. 3. 7.'과 같이 써야 한다.

250
'발달/발전/향상/진보'에 대하여 알고 싶어요?

'발달(發達)'은 '신체, 정서, 지능 따위가 성장하거나 성숙함', '학문, 기술, 문명, 사회 따위의 현상이 보다 높은 수준에 이름', '지리상의 어떤 지역이나 대상이 제법 크게 형성됨. 또는 기압, 태풍 따위의 규모가 점차 커짐'의 뜻으로 쓰인다. '발전(發展)'은 '더 낮고 좋은 상태나 더 높은 단계로 나아감', '일이 어떤 방향으로 전개됨'의 뜻으로 쓰인다.

'향상(發展)'은 '더 낮고 좋은 상태나 더 높은 단계로 나아감', '일이 어떤 방향으로 전개됨'의 뜻으로 쓰인다. '진보(進步)'는 '정도나 수준이 나아지거나 높아짐', '역사 발전의 합법칙성에 따라 사회의 변화나 발전을 추구함'의 뜻으로 쓰인다.

251
개발 기간을 '거쳐서/걸쳐서'에 대하여 알려주세요?

'거쳐서'와 '걸쳐서'의 기본형은 각각 '거치다', '걸치다'이다. '거치다'는 '무엇에 걸리거나 막히다.', '마음에 거리끼거나 꺼리다.', '오가는 도중에 어디를 지나거나 들르다.', '어떤 과정이나 단계를 겪거나 밟다.' 등의 의미로 사용한다.

'걸치다'는 '지는 해나 달이 산이나 고개 따위에 얹히다.', '일정한 횟수나 시간, 공간을 거쳐 이어지다.', '가로질러 걸리다.', '어떤 물체를 다른 물체에 얹어 놓다.', '옷 또는 이불 따위를 아무렇게나 입거나 덮다.' 등의 의미로 사용한다. 따라서 '어떤 과정이나 단계를 겪거나 밟다'의 의미가 있는 '개발 기간을 거쳐서'로 써야 올바른 표현이다.

252
'거치다/걷히다'의 차이점은?

'걷히다'는 '걷다'의 피동으로 '걷음을 당하다.'는 의미이다. '안개가 걷힌다.' 와 '외상값이 잘 걷힌다.'는 피동으로 쓰이는 예로써 올바른 표현이다.

'걷다'의 형태는 3가지가 있다. 첫 번째 형태 '걷다'는 '감아서 올리거나, 감아서 위에 걸다.'의 의미로 '저고리 소매를 걷다.'의 예문을 볼 수 있다. 또한, '깔려 있는 것을 접거나 개키다.', '주위 모아 정리하다.'의 의미로 '마당에 깐 멍석을 걷다.'의 예문을 볼 수 있다. '걷다'는 '거두다'의 준말이기도 하다. 두 번째 형태의 '걷다'는 '바닥에서 발을 번갈아 떼면서 나아가다.'의 의미로 술에 취해 비틀거리며 '걷다'의 예문을 볼 수 있다. '일정한 방향으로 나아가다.'의 의미로 '우리 경제는 이제 바야흐로 향상 일로를 걷기 시작하였다.'의 예문도 볼 수 있다. 마지막으로 '걷다'의 '형태는 구름이나 안개 따위가 흩어져 없어지다.'의 의미로 '구름이 걷고 맑은 하늘이 보이기 시작했다.'의 예문을 볼 수 있다.

253
'고임새/굄새'는 무엇이 올바른가요?

돌잔치, 회갑잔치 또는 제사 지내기 위해 상차림한 것을 많이 보았을 것이다. 과자, 과실 따위를 그릇에 차곡차곡 쌓아 올려서 높다랗게 괴어 놓아 풍성한 느낌을 준다. 그처럼 굄질하는 일이나 굄질하여 놓은 모양새를 '굄새' 또는 '고임새'라고 한다.

이 '굄새', '고임새'는 '괴다' 또는 '고이다'란 동사와 관련이 있다. 전에는 '괴다'를 표준어로 삼았기 때문에 '굄새', '굄질'만이 표준어이고, '고임새', '고임질' 등은 비표준어였다. 표준어 사정에서는 이들을 복수 표준어로 인정하게 되었다. '괴다' '고이다', '굄새', '고임새' 등이 모두 표준어로 인정되었다.

254
'교육하다/교육시키다'의 차이점은?

'교육하다'는 '가르치고 기른다.'는 말이다. '가르치다', '기르다', '교육하다'는 타동사이다. 그러므로 '아이를 교육하다.'라고 해야 올바른 표현이다.

'시키다'는 '주체가 남으로 하여금 어떻게 하도록 하는 것'을 나타내는 말이다. 그러므로 '자녀를 훌륭한 선생에게 의뢰하여 교육시킬 수는 있어도, 내가 내 자식을 교육시킨다.'고 할 수는 없는 것이다.

"아이들을 그렇게 교육시키면 안 돼."라든가, "민식이를 구속시킨 것은 큰 잘못이다."와 같은 말을 자주 듣곤 한다. 이와 같은 표현은 당연히 "아이들을 그렇게 교육하면 안 돼."라든가, "민식이를 구속한 것은 큰 잘못이다."라고 써야 올바른 표현이다.

255
'부고' 쓰는 법을 알고 싶어요?

부고는 '○○公 以老患 於自宅別世 玆以告訃'와 같이 한문으로 써 왔다. 그러나 어려운 한문 투로 쓰는 것보다는 국한문 혼용을 하더라도 사람들이 알 수 있도록 써야 한다는 것이 일반적인 견해이다.

부고를 자녀의 이름으로 보내는 사람들도 있는데 이는 예(禮)가 아니므로 꼭 호상(護喪)의 이름으로 보내야 한다. 따라서 '○○○의 ○○'라고 쓰는 자리에 '부친'이라고 쓰기도 하지만 상주의 아버지이면 '대인(大人)', 어머니이면 '대부인(大夫人)', 할아버지이면 '왕대인(王大人)', 할머니이면 '왕대부인(王大夫人)', 처는 '내실(內室)', '합부인(閤夫人)', 형이면 '백씨(伯氏)', '중씨(仲氏)', 동생이면 '계씨(季氏)'라고 쓴다. 또 나이가 많은 분들이 돌아가신 경우에는 '노환(老患)'이라고 쓰지만 경우에 따라 '숙환(宿患)', '병환(病患)', '사고(事故)' 등으로 쓴다.

'편지봉투' 쓰는 법을 알고 싶어요?

편지 봉투를 쓸 때 받을 사람의 직함 뒤에 다시 '귀하(貴下)', '좌하 (座下)' 등을 쓰는 경우가 있다. '강감찬 교수님 귀하'나 '이순신 사장 님 좌하'처럼 쓰는 경우를 종종 볼 수 있는데 편지 봉투를 쓸 때는 '강 감찬 교수님(께)'처럼 받을 사람의 이름과 직함을 쓰면 그것으로 충분 히 높인 것이 된다. 직함이 없으면 '이순신 귀하'와 같이 쓰면 된다. '귀하'라는 말로도 상대방을 충분히 높인 것이 되므로 이름만 쓴다고 해서 예의에 어긋나는 것은 아니다. 직함이든 '귀하(좌하)'이든 어느 하나만 쓰는 것이 예의에 맞으며 둘 다 쓰면 오히려 예의에 어긋나게 된다.

공적인 편지에서 편지를 받는 쪽의 봉투는 '00 주식회사 귀중', '00 주식회사 000 사장님', '00 주식회사 000 사장 귀하'를 쓰면 된다. 그리고 보내는 쪽은 '00 주식회사 과장 000 올림(드림)'이라고 쓰면 된다.

부모님께 편지를 보내는 경우에도 다른 어른께 편지를 보내듯이 '000 귀하(貴下)', '000 좌하(座下)'라고 부모님의 성함 뒤에 '귀하', '좌하'를 붙인다. 또 전통을 살리면서 어려운 한자말을 우리말로 고친 '○○○[보내는 사람의 이름]의 집'이라고 쓸 수도 있다.

'문상(問喪)'갈 때의 예절은?

많은 사람들이 문상을 가서 어떤 위로의 말을 해야 하는지를 몰라 망설인다. 실제 문상의 말은 문상객과 상주의 나이, 평소의 관계 등 상황에 따라 다양하게 나타난다. 그러나 어떠한 관계 어떠한 상황이든지 문상을 가서 고인에게 재배하고, 상주에게 절한 후 아무 말도 하지 않고 물러 나오는 것이 일반적이며 예의에 맞다.

상을 당한 사람을 가장 극진히 위로해야 할 자리이지만, 그 어떤 말도 상을 당한 사람에게는 위로가 될 수 없다는 것이다. 오히려 아무 말도 안 하는 것이 더욱더 깊은 조의를 표하는 것이 된다. 그러나 굳이 말을 해야 할 상황이라면, "삼가 조의를 표합니다.", "얼마나 슬프십니까?", "뭐라 드릴 말씀이 없습니다."라고 인사를 한다. 이러한 인사말을 할 때는 분명하게 말하지 말고 뒤를 흐리는 것이 예의라고 한다. 상을 당하여서는 문상하는 사람도 슬퍼서 말을 제대로 할 수 없기 때문이다.

상주는 죄인이므로 말을 해서는 안 된다는 것이다. 굳이 말을 한다면 "고맙습니다.", "드릴(올릴) 말씀이 없습니다."라고 문상을 와 준 사람에게 고마움을 표한다.

258
자신을 남에게 소개할 때는 어떻게 하나요?

자신을 상대방에게 알리는 인사말은 매우 다양하다. 자신을 남에게 소개하는 말로는 "처음 뵙겠습니다. (저는) 000입니다.", "인사드리겠습니다. (저는) 000입니다."가 바람직하다. "처음 뵙습니다."라고 하는 사람도 있는데, '뵙습니다'보다는 '뵙겠습니다'가 운율 면에서 자연스럽고 완곡한 표현이다.

자신의 직장을 말할 때는 '000에 있는' 등을 덧붙일 수 있는데, 대체로 이러한 말들은 기본적인 소개말의 중간이나 뒤에 붙여 "처음 뵙겠습니다. 00에 있는 000입니다."와 같이 하거나 "처음 뵙겠습니다. 000입니다. 00에 있습니다."처럼 말하는 것이 좋다.

아버지에 기대어 자신을 소개하는 경우에는 "저의 아버지는 0[姓]

0자 0자이십니다.", "저의 아버지 함자는 0[姓] 0자 0자이십니다."라
고 해야 한다. 자신의 성이나 본관을 남에게 소개하는 경우에 '성(姓),
가(哥)'라고 해야 할지, '성(姓) 씨(氏)'라고 해야 할지 망설이게 된다.
그런데 예로부터 귀문(貴門), 비족(碑族)이라는 말이 있었듯이, 자신
의 성을 말할 경우에는 '0가(哥)'라고 하는 것이 올바른 표현이라고
할 수 있다.

259
'너머/넘어'의 차이점은?

'넘어'는 동사 '넘다'에 어미 '-어'가 연결된 것으로 '국경을 넘어 갔
다, 산을 넘어 집으로 갔다'에서처럼 동작을 나타낸다. 즉 '산 너머'는
산 뒤의 공간을 가리키는 것이고, '산 넘어'는 산을 넘는 동작을 가리
키는 것이다.

또한 '너머'는 '높이나 경계로 가로막은 사물의 저쪽. 또는 그 공간'
이라는 뜻을 가진 명사로, '고개 너머, 저 너머'에서처럼 공간이나 공
간의 위치도 나타낸다.

한글 맞춤법 제19항 [붙임]에 보면 "어간에 '-이'나 '-음' 이외의 모
음으로 시작된 접미사가 붙어서 다른 품사로 바뀐 것은 그 어간의 원
형을 밝히어 적지 아니한다."라고 하여 명사로 된 '귀머거리, 까마귀,
너머, 뜨더귀, 마감, 마개' 등은 원형을 밝혀 적지 않도록 하고 있다.
공간을 나타내는 '너머'의 경우도 원래는 '넘다'라는 동사에서 온 말이
기는 하지만 제19항에 적용되는 예로 원형을 밝혀 적지 않는다.

260
'새해 인사' 예절에 대하여 알고 싶어요?

새해 인사로 가장 알맞은 것은 "새해 복 많이 받으십시오."이다. 상

대에 따라 "새해 복 많이 받으세요.", "새해 복 많이 받게.", "새해 복 많이 받아라." 등으로 쓸 수 있다. 이 말은 집안, 이웃, 학교 등 어디에서나 쓸 수 있는 인사말이다.

세배할 때는 절하는 것 자체가 인사이기 때문에 어른에게 "새해 복 많이 받으십시오."와 같은 말을 할 필요는 없다. 그냥 공손히 절만 하면 그것으로 인사를 다 한 것이며 어른의 덕담이 있기를 기다리면 된다.

한편 절하겠다는 뜻으로 어른에게 "절 받으세요.", "앉으세요."라고 말하는 사람들도 있는데 이는 예의가 아니다. 가만히 서 있다가 어른이 자리에 앉으시면 말없이 그냥 공손히 절을 하는 것이 옳다. 다만 나이 차가 많지 않아 상대방이 절 받기를 사양하면 "절 받으세요.", "앉으세요."라고 말할 수 있다.

덕담은 어른이 아랫사람에게 내리는 것이다. "새해 복 많이 받게.", "소원 성취하게."가 가장 일반적이다. 이렇게 어른의 덕담이 있은 뒤에 "과세(과세) 안녕하십니까?"와 같이 말로 인사를 한다. 이 때 특별히 "만수무강하십시오.", "할머니 오래오래 사세요."와 같이 건강과 관련된 말은 쓰지 않는 것이 좋다. 의도와 달리 상대방에게 '내가 그렇게 늙었나?' 하는 서글픔을 느끼게 할 수 있기 때문이다. "올해에도 등산 많이 하세요."와 같이 기원을 담은 인사말이 좋다.

261
'축하와 위로'의 인사말에 대하여 알고 싶어요?

어른의 생일일 경우 "생신 축하합니다."라고 인사하고, 상대에 따라 "생일 축하하네.", "생일 축하해"와 같이 쓰면 된다.

환갑이나 고희 등의 잔치에서는 "더욱 건강하시기 바랍니다." 등과 같이 말하면 된다. "오래 사십시오."나 "만수무강하십시오." 등과 같은 인사말은 '내가 벌써 그렇게 늙었나.' 하는 서글픔을 줄 수 있기 때문에 좋지 않다. 또 "건강하십시오"는 형용사를 명령형으로 만든 것이어서 문법적으로도 맞지 않을 뿐더러 명령형이어서 옳은 말이 아니다.

집안 결혼식에 가서 결혼하는 사람에게도 "축하합니다." 등으로 말하면 된다. 입학시험에 합격한 사람이라면 "합격을 축하합니다." 등과 같이 말하면 무난하다.

문병을 가게 될 경우에는 "좀 어떠십니까?", "얼마나 고생이 되십니까?" 등으로 인사하고, 불의의 사고일 때는 "불행 중 다행입니다."와 같이 말할 수 있다. 물론 상대에 따라 "좀 어떻니?", "얼마나 고생이 되니?"처럼 말할 수 있다. 문병 때는 어느 경우에나 털고 일어나리라는 희망을 가져야 하므로 끝까지 마음에서 우러나오는 희망적인 말을 하는 것이 중요하다. 그밖에 환자에게 이런저런 말을 하거나 물어보는 것은 모두 예의에 어긋난다. 아픈 사람이 궁금해할 만한 일 가운데 밝은 것으로 화제를 삼아 조용히 이야기를 하는 것이 좋다. 문병을 마치고 나올 때는 "조리(조섭) 잘 하십시오", "속히 나으시기 바랍니다." 하고 인사를 하면 된다.

262
'봉투 및 단자'의 인사말에 대하여 알고 싶어요?

회갑 잔치 등에서 축의금을 낼 경우 봉투의 앞면에 '祝 壽宴(축 수연)', '祝 華婚(축 화혼)'과 같이 쓰고 뒷면에 이름을 쓴다. 한글로 써도 무방하며 가로쓰기를 할 수도 있다. 종종 환갑 이상의 생일 잔치에는 봉투 인사말을 어떻해 쓰는지 몰라 고민하기도 하는데 이 경우에도 '수연'이라고 하면 된다. '壽宴(또는 壽筵)'은 회갑뿐만 아니라 그 이상의 생일 잔치에 두루 쓸 수 있는 말이다. 생일에 따라 '祝 還甲(축 환갑), 祝 回甲(축 회갑), 祝 華甲(축 화갑, 이상 61세), 祝 古稀

宴, 祝 稀宴(축 고희연, 축 희연, 이상 70세), 祝 喜壽宴(축 희수연, 77세), 祝 米壽宴(축 미수연, 88세), 祝 白壽宴(축 백수연 99세)'등을 쓸 수도 있다.

단자(부조나 선물 따위의 내용을 적은 종이다. 돈의 액수나 선물의 품목, 수량, 보내는 사람의 이름 따위를 써서 물건과 함께 보낸다.)는 반드시 넣는 것이 예의이다. 단자에는 봉투의 인사말을 써도 되고 '수연을(결혼을) 진심으로 축하합니다.'와 같이 문장으로 인사말을 써도 된다. 그리고 '금○○○○○원'처럼 물목을 적은 다음 날짜와 이름을 쓴다.

결혼식에는 '祝 婚姻(축 혼인), 祝 結婚(축 결혼), 祝 華婚(축 화혼), 祝儀(축의), 賀儀(하의)' 등을 인사말로 쓸 수 있다.

문상의 경우 봉투의 인사말은 '賻儀(부의), 謹弔(근조)' 등을 쓴다. '삼가 조의를 표합니다.'라는 문장 형식의 인사말은 단자에는 써도 봉투에는 쓰지 않는다. 생일, 결혼, 문상 등 정형화된 단어의 인사말이 있는 경우 문장으로는 봉투의 인사말을 쓰지 않는 것이다.

한편 소상(小祥, 사람이 죽은 지 1년 만에 지내는 제사)이나 대상(大祥, 사람이 죽은 지 두 돌 만에 지내는 제사)의 경우 부조를 하게 되면 봉투에 '奠儀(전의, 賻儀)' 또는 '香燭代(향촉대)'라고 쓴다.

정년 퇴임의 경우 봉투나 단자의 인사말로 '根軸(근축), 誦功(송공), (그동안의) 공적을 기립니다.'처럼 쓸 수 있다.

병문안의 위로금을 건넬 경우에는 '祈 快癒(기 쾌유), 조속한 쾌유를 바랍니다.'로 쓴다. 정년 퇴임이나 병문안의 경우처럼 단어의 인사말이 그리 보편화되지 못한 경우 봉투에도 문장의 인사말을 쓸 수 있다.

직장에서의 '공손법'에 대하여 알려주세요?

비슷한 나이의 동료끼리 말할 때는 "(평사원이) 김철수 씨, 거래처에 전화했어요?", "(과장이) 김 과장, 거래처에 전화했어요?"처럼 말하는 것이 일반적이다. 그러나 동료 간이라도 상대방의 나이가 위이거나 또는 분위기의 공식성 정도에 따라서 "전화했습니까?"처럼 말할 수도 있다. 윗사람에게 말할 때에도 어느 정도에나 "전화하셨습니까?"처럼 하고, 아랫사람에게 말할 때는 "(사장이) 박영희 씨, 거래처에 전화했어요?"처럼 높여 말하는 것이 바람직한 표현이다. 그리고 아랫사람이 어리고 친밀한 사이일 경우에는 "전화했니?"처럼 낮춤말을 할 수 있고, "전화했소?", "전화했나?"도 쓸 수 있다.

관공서 등의 직원이 손님을 맞을 때도 관공서 등의 직급에 관계없이 "손님, 도장 가지고 오셨습니까?"처럼 정중하게 말하는 것이 바람직하고, 손님도 "이제 다 되었습니까?"하고 말하는 것이 좋다.

버스 등 우연한 자리에서 연세가 위인 분에게는 "좀 비켜주세요"라는 표현보다는 "제가 지나가도 되겠습니까?", "비켜주시겠습니까?"처럼 완곡한 표현을 하는 것이 바람직하다. 물론 어른이 청소년에게 말할 때도 "좀 지나가도 될까?"처럼 완곡하게 말하는 것이 교육적으로도 좋을 것이다.

집에서 어른에 관하여 말할 때처럼 직장에서도 '잡수시다'와 같은 높임말이나 '뵙다'와 같은 겸양의 말을 적절히 골라 써야 한다. 다만 집에서는 "할아버지 진지 잡수셨습니까?"처럼 '밥'에 대하여 '진지'를 쓰지만 직장이나 일반 사회에서는 "과장님, 점심 잡수셨습니까?"처럼 '점심'이나 '저녁'으로 쓰는 것이 좋다. 이때 흔히 "식사하셨어요?"라고 말하기도 하는데 "과장님이 편찮으셔서 식사도 못 하신대."와 같은 경우가 아니고 직접 맞대면 말할 때는 쓰지 말아야 한다.

가정에서의 호칭어와 지칭어에 대하여 알고 싶어요?

① 부모

부모를 가리키는 말은 '어머니, 아버지'이다. 어릴 때에 '엄마, 아빠'라고 할 수 있으나 장성해서는 그와 같이 말해서는 안 된다. 그런데 어떤 사람들은 자신의 살아 계신 부모를 가리켜 말할 때 "저의 아버님 …, 저의 어머님의 …"처럼 '님'자를 붙여 말하기도 한다. 이것은 잘못이다. 자신의 가족을 남에게 높여 말하는 것은 예의에 벗어나는 것이다. '아버님, 어머님'은 남의 부모를 높여 말하거나 자신의 돌아가신 부모에 대해서 쓰는 말이다.

과거에는 한자어로 된 말을 많이 사용하였다. '가친(가친)'은 살아 계신 아버지, '선친(선친)'은 돌아가신 아버지를 가리키는 말이다.

살아계신 어머니는 '자친(자친)', 돌아가신 어머니는 '선비(선비)'라고 한다. 이 한자어 호칭어는 현대에서 많이 사라져서 잘 모르는 사람이 많다.

과거에는 조부모에게 말할 때에 부모를 낮추어 '아비, 어미'라고 하였으나 현대에는 맞지 않으므로 그냥 '아버지, 어머니'라고 한다. 언어 예절은 그 시대의 감각에 따라 변하는 것이다.

② 자녀

자녀는 당연히 이름을 부른다. 결혼해서도 이름을 부를 수 있지만 '○○ 아비(아범), ○○ 어미(어멈)'처럼 아이 이름을 넣어 부를 수 있다. 때로 '시장'이니 '박사' 등 아들의 직함이나 학위로 부르기도 하나 남에게 말할 때는 조심하여야 한다. 전통적으로 당상관(정3품 이상)의 아들은 직함을 부르기도 하였지만 공적인 자리에서만 그렇게 하였다고 한다. 자칫 남에게 자랑하는 느낌이 들 수 있으므로 될 수 있으면 삼가는 게 좋다.

③ 시부모

시아버지를 부르는 말은 '아버님'이다. 요즘 아버지를 친밀하게 여겨 '아버지'라고 부르는 경향이 있으나. 지금도 시아버지는 예를 갖추어 대해야 할 어려운 대상이므로 '아버님'으로 불러야 한다. 그러나 시어머니는 부엌 등 같은 공간에서 일하고 대하는 시간도 더 많아 시아버지보다 친근한 대상이므로 '아버님' 뿐만 아니라 '어머니'라고 해도 된다.

시조부모에게 시부모를 가리켜 말할 때에 '아버님, 어머님'이라고 하되, '아버지, 어머니'라고 다소 낮추어 말해도 된다. 그러나 과거의 예법처럼 '아비, 어미'라고까지 하지는 않는다.

④ 며느리(息婦/媳婦)

며느리를 부르는 말은 '아가, 새아가, ○○어미(어멈), 애' 등이다. 그런데 '애'는 친근하게 들릴 수도 있지만 자칫 불쾌감을 줄 수도 있으므로 조심해야 한다. 한편, 며느리를 부모와 배우자에게 가리켜 말할 때에 '며늘애, 새아가, ○○ 어미(어멈)'라고 하거나 아들 이름을 넣어 '○○ 댁, ○○ 처' 라고 할 수 있다. '며느리'라는 말은 남의 며느리인 듯한 느낌도 있고 어른 앞에서는 낮추어야 하므로 쓰지 않는다. 그래서 다소 낮추어 부르는 말로 '며늘애'라고 하는 것이다. 사돈에게도 '며늘애, ○○ 어미'처럼 가리킨다. 그러나 타인에게는 그렇게까지 낮출 필요가 없고, 또 '며느리'가 높이는 말도 아니므로 '우리 며느리가…'처럼 말한다.

⑤ 처부모

장인(丈人)은 '장인어른, 아버님'이라고 부른다. 장모(丈母)는 '장모님, 어머님'이라도 부른다. 과거에는 처부모를 '아버님, 어머님'이라고 부르는 것은 생각할 수도 없는 일이었다. 그러나 근래에 처부모도 자신의 부모처럼 친근하게 느끼고 '아버님, 어머님'이라고 부르는 풍조가 널리 퍼져 이를 인정하게 된 것이다. 그러나 '아버지, 어머니'라고까지 부르는 것은 옳지 못하다.

한편 '빙장 어른, 빙모님'이라고 부르는 사람도 있으나 이는 남의 처부모를 높여 부르는 말이다. 또 배우자에게 '당신 아버지, 당신 어머니' 등으로 말하는 것은 마치 남을 가리켜 말하는 듯한 느낌을 주므로 특별한 경우가 아니면 삼가야 한다.

⑥ 사위〔女壻〕

사위는 'ㅇ 서방, 여보게'라고 부른다. 때로 사위의 이름을 부르는 경우가 있는데 이는 옳지 못하다.

⑦ 남편(男便)

남편은 '여보'라고 부른다. '여보'는 20세기 초, 중반에도 그리 보편적이지 않았을 만큼 부부간의 호칭어로 정착된 것은 의외로 얼마 되지 않는다. 그러나 지금은 가장 보편적인 호칭어가 되었다. 신혼 초에는 '여보'라고 부르기 어색할 수 있으므로 'ㅇㅇ 씨, 여봐요'라고 쓸 수 있다. '여봐요'는 '여보'로 넘어가기 전단계의 호칭이라 할 수 있다. 남편에 대한 호칭어는 참 다양한데 대부분 바람직하지 않다. 흔히 쓰는 말로 '자기, 오빠, 아저씨' 등은 호칭어로든 지칭어로든 안 쓰도록 해야 한다. 특히 '아빠'는 자신의 친정 아버지를 부르는 것인지 남편을 부르는 것인지 혼란스러울 뿐만 아니라 일본식 어법으로 알려진 말이다. 이 말은 절대로 써서는 안 된다.

한편, 신혼 초(新婚初)라 할지라도 시부모 앞에서 남편을 가리킬 때 'ㅇㅇ 씨'라고 이름을 불러서는 안 된다. 어떤 지방에서는 '개'라고 낮추어 불러야 한다고까지 하나 이것도 별로 공감할 수 없다. 아이가 있으면 '아비, 아범'이라고 하면 되고, 아이가 없을 경우 '이이, 그이, 저이'로 부르면 된다.

⑧ 아내〔妻〕

아내를 부르는 말은 '여보, ○○ 씨, 여봐요' 이다. 적지 않은 경우 '○○ 야, 야, 이봐' 등 아내를 낮추어 부르는데 이는 좋지 않다, 또 '자기'로 부르거나 '와이프'로 가리키기도 하는데, 역시 써서는 안 될 말이다.

부모에게 아내를 가리켜 말할 때는 '○○ 어미(어멈)'이라고 하고, 아이가 없으면 '이사람, 그사람, 저사람'으로 쓴다. 부모 앞에서는 아내를 낮추어야 하므로 '○○ 엄마'라고 하지는 않으며 '집사람, 안사람, 처'라고 하지도 않는다. 그렇다고 '개, ○○[이름]'라고 까지 낮추어서도 안 된다.

그러나 처부모에게는 아내를 낮출 필요가 없다. '○○ 어미(어멈), 그사람' 뿐만 아니라 '○○ 엄마, 집사람, 안사람'이라고 할 수 있다. 동기 항렬들에게는 '○○ 엄마, 집사람, 안사람'으로 가리키고, 특히 손위인 경우 '처'라는 말도 쓸 수 있다. 잘 모르는 타인에게는 '집사람, 안사람, 아내, 처'라고 한다.

⑨ 형(兄)과 그 아내〔兄嫂〕

형은 '형(님)'으로 부른다. 형의 아내는 '아주머님, 형수님'이라고 부른다.

⑩ 남동생〔弟男〕과 그 아내(남자의 경우)

남동생은 '○○[이름], 아우, 동생'으로 부른다. 성년이 되어서 혼인을 하면 이름 부르는 것은 삼가고 대우를 해 주는 것이 전통적인 예의였다. 그 아내는 '제수씨(弟嫂氏), 계수씨'라고 부른다.

⑪ 누나와 그 남편

누나를 부르는 말은 '누나, 누님'이다. 그 남편은 '매부, 매형, 자형'이라 부른다. '매부'는 여동생의 남편도 가리키는 말이다. 일부 지방에서는 '妹'가 손아래누이를 가리키는 말이므로 누나의 남편에 대한 '매부, 매형'이라 할 수 있고 '자형(姉兄)'으로 써야 한다고 한다. 그러나 전통적으로 써온 말은 '매부, 매형'이고 오히려 '자형'은 쓰지 않았다. 다만 최근에 '자형'이 많은 세력을 얻었으므로 현실을 인정하여 표준으로 삼은 것이다.

전통적으로 남의 누이를 높여 부르는 말은 손위, 손아래 구분 없이 '매씨(妹氏)'이다. 형수를 가리키는 '嫂'는 '제수(弟嫂), 계수(季嫂)'에도 쓰인다. 따라서 단순히 한자의 뜻에 얽매여 '매부, 매형'이 잘못된 말이라고 하기는 어렵다.

⑫ 여동생과 그 남편(남자의 경우)

여동생은 'ㅇㅇ[이름], 동생'으로 부른다. 그 남편은 '매부, ㅇ 서방'으로 부른다. 서방은 남편의 낮춤말이다.

⑬ 오빠와 그 아내

오빠를 부르는 말은 '오빠, 오라버니(님)'이다. 그 아내를 부르는 말은 '(새)언니'이다. 자기보다 나이가 적어도 그렇게 부른다.

⑭ 남동생과 그 아내(여자의 경우)

남동생을 부르는 말은 'ㅇㅇ[이름], 동생'이다. 그 아내 '올케'라고 부른다.

⑮ 언니와 그 남편

언니를 부르는 말은 '언니'이다. 그 남편은 '형부'라고 부른다.

⑯ 여동생과 그 남편(여자의 경우)

여동생은 '○○[이름], 동생'으로 부른다. 그 남편은 '○ 서방(님)'으로 부른다. 나이가 더 많을 경우 서방(書房)이라 할 수 없으므로 '서방님'이라고 높여 부르는 것이다. 한편 일부 지방에서 '제부(弟夫)'라는 말을 호칭어 및 지칭어로 쓰나 이는 바른 말이 아니다. '○ 서방'이라고 지칭해서 상대방이 알 수 없는 경우에는 '동생의 남편'으로 가리키면 된다.

⑰ 남편의 형과 그 배우자

남편의 형은 '아주버님'으로 부른다. 그 아내는 '형님'으로 부른다. 자기보다 나이가 어려도 그렇게 불러야 하며 존댓말을 써야 한다. 여자의 서열은 시댁의 남편들의 서열에 따라 정해지는 것이다.

⑱ 남편의 아우와 그 배우자

남편의 아우는 미혼인 경우 '도련님'으로 부르고, 기혼인 경우 '서방님'으로 부른다. 아우가 여럿일 때는 '○째 도련님, ○째 서방님'처럼 부를 수 있다. 그 아내는 '동서(同壻)'라고 부른다.

한편 적지 않은 사람들이 아이에게 기대어 '삼촌'이라고 부르는데, 이것은 큰 잘못이다. 전통적인 직접 호칭어가 있을 경우 '삼촌, 고모, 큰엄마…' 등의 간접 호칭어를 써서는 안 된다.

또 아랫동서가 나이가 많은 경우가 있는데, 이 경우 상대방이 아무리 자신을 '형님'으로 부르고 존대해 주더라도 자신도 아랫동서에게 '동서'라고 부르고 존댓말을 해야지 하대해서는 안 된다.

⑲ 남편의 누나와 그 배우자

남편의 누나는 '형님'으로 부른다. 그 남편, 곧 시누이의 남편은 '아주버님, 서방님'으로 부른다. 원래 시누이의 남편은 내외하는 관계여서 그 부르는 말도 없었다. 그런데 현대에 이르러서는 서로 만날 일도 많아 호칭이 필요하게 되었다. '아주버님'은 여러 지방에서 시누이의 남편을 부르는 말로 쓰일 뿐만 아니라, 남편의 형을 가리키는 말과 같으므로 손위 시누이의 남편을 부르는 말로 적당하여 표준으로 삼은 것이다.

⑳ 남편의 누이동생과 그 배우자

남편의 누이동생은 '아가씨, 아기씨'라고 부른다. 당사자가 어리거나 결혼을 해도 마찬가지이다. 그 배우자(손아래 시누이의 남편)는 '서방님'으로 부른다. '서방님'은 시누이와 손아래 시누이의 남편을 두루 가리키는 말인 것이다.

㉑ 아내의 남자 동기와 그 배우자

아내의 오빠를 부르는 말은 '형님, 처남'이다. 자기보다 나이가 많으면 '형님'이라 부르고, 나이가 적으면 '처남'라 부른다. 아내의 남동생을 가리키는 말은 '처남'이다. 나이가 아주 어리면 이름을 부를 수 있다. 그러나 손아래 처남의 나이가 자기보다 많다고 해서 '형님'이라고 하지는 않는다.

아내 오빠의 아내(손위 처남의 댁)를 호칭하는 말은 '아주머니'이다. 남에게 가리켜 말할 때는 '처남의 댁' 등으로 한다. 아내 남동생의 아내(손아래 처남의 댁)을 호칭하는 말은 '처남의 댁'이다.

처남의 댁은 시누이의 남편과 마찬가지고 전통적으로 호칭어가 없었다. 그러나 역시 시속이 변하면서 호칭어가 필요하게 되었다. '~댁' 하는 것은 '충주댁, 안성댁' 하듯이 다소 낮추는 느낌이 있어 '처남의 댁'이라는 호칭어가 손위 처남의 부인에게는 적당치 않다. 그래서 일부 지방에서 쓰는 '아주머니'를 표준으로 정한 것이다. 다만 '아주머니'는 숙모를 가리키는 말이기도 하므로 당사자 외 남에게 가리킬 때는 적당치 않다. 따라서 지칭할 때는 '처남의 댁'으로 한다.

㉒ 아내의 여자동기와 그 배우자

아내의 언니는 '처형'이라 부른다. 아내의 여동생은 '처제'라 부른다. 아내 언니의 남편, 곧 손위 동서는 '형님'이라 부른다. 다만 자기보다 나이가 적을 경우에는 '형님'이라 하지 않고 '동서'라고 한다. 남자들의 서열에서 아무리 손위라 할지라도 자기보다 나이가 어리면 '형님'이라고 부르지 않는 것이다. 아내 여동생의 남편, 곧 손아래 동서는 '동서, ○ 서방'이라고 부른다. 자기보다 나이가 많다면 '동서'라고 한다. 나이가 많더라도 서열상 손아래이므로 '형님'이라고 않고, 또 손아래이긴 해도 나이가 많으므로 '○ 서방'처럼 낮추어 말해서도 안 된다.

남자들의 서열에서 '형님'으로 부르는 경우는 상대방이 손위이면서, 나이가 많을 때에 한한다.

㉓ 숙질 사이(叔姪, 아저씨와 조카를 아울러 이르는 말.)

아버지의 형은 '큰아버지'라고 부른다. 지방에 따라서 맏형만 '큰아버지'라고 하는 경우도 있으나 일반적으로 아버지의 형은 모두 '큰아버지'라고 한다. 한자어로 '백부(伯父)'라고도 하나 지칭어로는 가능하나 호칭어로는 적당치 않다. 아버지 형의 아내는 '큰어머니'라고 한다.

아버지의 남동생은 결혼하기 전에는 '삼촌, 아저씨'라고 부르고, 결혼한 뒤에는 '작은아버지'라고 부른다. '삼촌'은 촌수이므로 호칭어나 지칭어로 적당치 않다고도 주장하나 이는 '삼촌숙(三寸叔)'의 준말이므로 문제될 것이 없다.

나이가 뒤바뀐 숙질 간에도 호칭어와 지칭어는 마찬가지이다. 경어법상으로는 어렸을 때에는 서로 말을 놓고 지내지만, 성년이 되어서는 조카가 아저씨보다 다섯 살 이상이면 서로 존대하고, 다섯 살 미만이면 항렬을 따라서 조카가 아저씨에게 존대를 해야 한다. 장조카인 경우에는 예우를 하는 것이 일반적이다.

아버지의 누이는 '고모, 아주머니'라고 부르고 그 배우자는 '고모부, 아저씨'라고 부른다. 어머니의 자매는 '이모, 아주머니'라고 하고 그 배우자는 '이모부, 아저씨'라고 한다.

어머니의 남자 형제는 '외삼촌, 아저씨'라고 부르고 그 배우자는 '외숙모, 아주머니'라고 한다. 자신의 외삼촌을 자녀들에게 지칭할 때(아버지의 외가는 진외가(陳外家)이므로) '진외종조부(님)'이라고 하거나, 자녀의 편에 서서 '진외할아버지'라고 한다. 곧 '진외할아버지'는 아버지의 외할아버지나 아버지의 외삼촌 모두 가리키는 말이 된다.

조카나 조카딸은 어릴 때는 이름을 부르고 장성하면 '조카' 또는 '○○ 아비(아범), ○○ 어미(어멈)'로 쓴다. 다만 시댁의 조카는 나이가 더 많을 경우 '조카님'이라고 해야 한다.

조카의 아내는 며느리 부르듯 '아가, 새아가, ○○ 어미, ○○ 어멈'으로 부르고 조카사위도 사위 부르듯 '○ 서방, ○○ 아범, ○○ 아비'로 부른다.

㉔ 사돈 사이(사돈)

* 같은 항렬: 밭사돈이 밭사돈을 부르는 경우 '사돈 어른' 또는 '사돈'이라고 하고, 안사돈을 부르는 경우 '사부인'이라고 한다. 안사돈이 안사돈을 부르는 경우 '안사돈'이라고 하고, 밭사돈을 부르는 경우는 '사돈 어른'이라고 한다. 형수나 올케 등의 동기 및 그 배우자를 부를 경우, 남자는 '사돈, 사돈 도령, 사돈 총각'으로, 여

자는 '사돈, 사돈 처녀, 사돈 아가씨' 등으로 부른다.

* 위 항렬: 며느리, 사위의 조부모를 부르는 말은 '사장(査丈) 어른'
이다. 할머니를 구별하여 '안사장 어른'이라고 할 수도 있다. 조부
모보다 한 항렬 높으면 '노사장(老査丈) 어른'이라고 한다.

* 아래 항렬: 며느리, 사위의 동기와 그 배우자, 조카 등 아래 항렬
의 사람을 부를 경우, 남자는 '사돈, 사돈 도령, 사돈 총각'으로,
여자는 '사돈, 사돈 처녀, 사돈 아가씨' 등으로 부른다.

265
교수님에 대한 예절에 대하여 알려주세요?

대학에서는 선생님을 '교수님'이라 부르고 있다. 중·고등학교처럼
담임선생님이 있는 것이 아니고 학과에서는 전공별 교수님이 있다.
중·고등학교 때와는 달리 수업 시간 외에는 교수님과 마주칠 일이
없기 때문에 예절에 소홀할 수 있다. 그러나 학생이 많다고 교수님께
서 '자신을 알아볼 수 있을까?'라는 의구심에 예절을 소홀히 하는 일
은 없어야 한다. 또한 자신의 전공과 다른 전공의 교수님이라고 할지
라도 자기 학교의 교수님이라는 사실을 알고 있다면 인사를 하는 것
이 예의이다.

만약 강의실이나 복도, 학과 사무실, 학과 자료실 등에서 교수님을
마주친다면 형식적인 인사보다는 예의를 갖추고 존경하는 마음을 가
지고 인사를 해야 한다. 특히 다른 전공을 가르치시는 교수님이라도
가벼운 목례를 하도록 한다. 교수님께 인사할 때에는 등·하교 시나
교내에서 뵈었을 때는 15도로 하고, 강의 시간에는 30도로 하며, 개인
적으로 교수님을 찾아뵙거나 교수님께서 자신을 찾을 경우에는 정중
하게 45도로 인사하는 것이 좋다. 교수님과 거리는 2 ~ 5m정도에서
인사를 하는 것이 적당하고, 교수님과 대화를 나눌 때는 몸을 함부로

움직이거나 책상을 손으로 짚는 등의 흐트러진 자세는 삼가야 한다. 대학에서는 중·고등학교와 달리 자신에게 상당 부분 자율성이 있다고 해서 교수님께 꾸지람을 듣거나 충고를 들을 때에 반항적이거나 변명, 무례한 행동 등은 올바르지 못한 것으로 순응하며 마음으로 받을 수 있는 성인의 자세가 필요하다.

교수님께 학문을 배우고 많은 가르침을 받을 경우에는 기본적으로 존경하는 마음가짐을 갖도록 하며, 취업 주선 및 지도를 받게 되면 감사의 인사를 해야 한다. 만약 바쁠 경우에는 전화로라도 자신의 근무 상태 및 안부를 전하는 것이 예의인 것이다.

한 학기가 끝나거나 졸업을 할 경우에는 감사의 인사, 사은회 등으로 대학 재학 중에 감사했던 인사를 전하는 것도 올바른 예절이라 할 수 있다.

266
친구 간의 예절에 대하여 알고 싶어요?

대학에서 친구들은 사회에 진출하기 전에 같은 직종으로 나갈 확률이 큰 동반자들이다. 또한 성인이 되어 만나는 사람들이기 때문에 마음을 열어 놓고 사귀려는 노력을 해야 한다. 사회 진출의 첫 단계에 와 있다고 해서 자신에게 이익이 될 경우에는 친구로 지내고 그렇지 못할 경우에는 친구로 지내지 않는 것은 '의(義)'를 소중히 하는 우리 정서나 도덕적으로도 바람직하지 못하다.

우선 친구 사이라고 한다면 말과 행동에 신의, 배려 등이 있어야 한다. 친구의 기분을 좋게 해 준다는 생각만으로 듣기 좋은 말을 꾸며 하는 것은 옳지 못하며 친구와 같이 있지 않을 경우에는 갖은 험담을 하는 것은 진정한 친구가 아닌 위선이기 때문에 신의, 배려 등은 친구 사이에 가장 중요한 예절 덕목이다.

친구 간에는 장점을 본받고 북돋우며, 잘못을 깨우치고 충고한다. 친구의 장점을 무시하고 단점을 헐뜯는다면 오히려 친구가 아닌 것만 못하다. 진심으로 칭찬하며 배우고 바로잡아 주는 것은 친구가 아니면 할 수 없는 것이다. 또한 친구 간에는 서로 공경하며 존중해 예절을 지킨다. 가까운 사이일수록 예스럽게 존중하는 것이 참사람의 도리이다. 친구에게도 기분 좋은 인사 행위나 인사말 역시 필수적이다.

267
'강의실' 예절에 대한 질문입니다.

강의실은 학문을 배우고 가르치는 신성한 공간이다. 교수와 학생, 선생과 학생이 모두 진지하게 자신의 미래를 설계해 가는 기초를 놓게 되는 시간이자 공간이기도 하다. 이런 신성한 공간에서는 그에 맞는 예절이 뒷받침 되어야 하며, 나 자신만이 아닌 그 공간에 있는 모두를 배려할 줄 아는 자세가 있어야 한다.

강의실에서 반드시 지켜야 하는 예절은 다음과 같다.

① 휴대전화를 꺼 놓아야 한다. 간혹 진동으로 해 놓는 경우도 있으나 진동으로 해 놓으면 옆에 있는 사람에게 방해가 될 뿐만 아니라 핸드폰에 모든 신경이 쓰여 강의에 집중이 되지 않는다. 결국 자신이나 타인에게 손해가 되는 결과를 가져온다.

② 책과 필기구, 노트 등은 기본적으로 준비해 가야 한다. 강의를 받으러 오고 어떤 지식이라도 습득해 갈 마음의 준비가 된 학생이라면 그 강의에 필요한 필기구 및 책, 노트는 기본적으로 가져와야 하며 강의를 해 주시는 교수님에 대한 예의이다.

③ 강의를 받을 수 있는 단정한 옷차림을 하며, 교수도 역시 정장을 입도록 한다. 가장 많은 문제가 있는 부분으로 대학의 경우에는 옷차림에 자율성이 강조되기 때문에 예의에 어긋나는 복장으로 수업에 임

하는 학생이 대부분이다. 이는 잘못된 것으로 앞에서 강의하시는 교수에 대한 예의가 아니므로 주의해야 한다.

④ 학생은 미리 강의실에 도착하면 앞자리부터 자리를 채운다. 늦게 온 학생은 수업에 방해가 되지 않도록 뒷문으로 들어가 조용히 앉는다.

⑤ 학생들은 강의 시간에 늦지 않도록 주의해야 하며, 강의를 하는 교수도 강의 시간을 반드시 지켜야 한다.

⑥ 강의 시작할 때와 마칠 때에 정중하게 인사를 나누며, 출석을 부를 때에는 잡담을 하지 않는다.

⑦ 강의실에서는 품위 있는 표준말을 사용하고, 교수는 강의를 할 경우에 시선을 학생 골고루에게 주고, 학생의 인격을 존중해 준다.

⑧ 학생은 한눈팔거나 떠들지 않고 강의에 성심껏 참여하며, 교수가 강의를 하고 있는데 음식을 먹거나 잠을 자거나 옆의 사람과 잡담을 하거나 화장을 고치거나 하지 않는다. 피치 못할 사정으로 꼭 그래야 한다면 조용히 강의실 밖으로 나가 일을 마치고 돌아온다.

⑨ 교수가 학생을 꾸중할 일이 생기면 조용히 짧게 주의를 주고, 길어질 것 같으면 연구실로 불러서 이해시킨다. 학생은 지적된 사항에 대해서 반성하고 이의가 있으면 교수의 말이 끝난 다음에 공손히 얘기한다.

그 외에 강의가 끝나 교수가 강의실을 나가면 그 후에 학생들은 자리에서 일어나며, 강의가 예정 시간보다 일찍 끝났더라도 옆 강의실에서는 강의가 진행 중이므로 조용히 한다. 또한 의자를 옮겨왔으면 강의 끝난 후 제자리에 갖다 놓고, 강의실을 깨끗이 사용하며, 음료를 마시고 난 빈 깡통은 반드시 쓰레기통에 버린다. 벽과 책상, 의자에 낙서를 하거나 칼로 긁지 않으며, 실습 할 경우에는 비품을 조심히 다루고 훼손 했을 경우 즉시 보고한다. 마지막 강의 시에는 전등을 끄고 나간다.

268
'세미나실'에서 예절에 대하여 알고 싶어요?

대학에서는 학회나 세미나, 연구 모임 등으로 인해 세미나실을 자주 사용하며, 학생으로서 세미나실을 자주 출입하게 된다. 따라서 학회나, 연구 모임 등에 참가할 경우에 상황에 맞는 예절을 정리하면 다음과 같다.

① 시작되기 10여 분전에 도착해서 자리를 잡고 정숙한 분위기를 유지한다. 학회나 연구 모임 등이 발표와 토론이기 때문에 늦게 되면 중요한 부분을 듣지 못하고 진행에도 방해를 줄 수가 있다.

② 사전에 메모지와 필기도구를 준비하여 필요한 내용들을 메모하며, 발표하는 도중에 하품을 하거나 옆 사람과 잡담을 나누거나 시계를 자주 들여다보는 행위는 하지 않는다. 발표자는 자신의 뒷모습이 참석자들에게 향하지 않도록 주의하고 복장은 단정하게 해야 한다. 손을 들어 차트를 가리키면서 발표할 경우에는 양복 윗저고리의 단추를 풀고 자연스러운 포즈로 발표한다. 발표할 때 연설자용 단상이 없다면 다리 사이를 가급적 붙여 주는 게 좋다.

③ 발표자는 정해진 발언 시간을 지키며, 발표를 하면서 뒷짐을 진다거나 머리를 긁적이거나 코나 입을 손으로 만진다거나 몸을 흔들면서 발표하는 자세는 좋지 않다.

④ 발표를 하면서 책상에 기대거나 회의 자료를 말아 쥔 채로 청중을 가리키거나 손을 내리치면서 소리를 내는 행위는 삼간다. 옷 앞섶이나 단추 등을 만지작거리거나 주머니에 손을 넣고 발표하는 행동도 품위를 떨어뜨린다.

⑤ 자유 토론 시간일 때 참석자들은 세미나 주제에 빗나가는 발언을 하지 않는다.

⑥ 사회자는 회의에 참석한 다수의 사람들이 골고루 의견을 낼 수

있도록 발표자 지목에 신경을 쓴다. 발언의 없을 경우엔 회의의 분위기가 산만해지고 시간이 길어지므로 특정한 누군가를 지목해서 그 안건에 대한 견해가 어떠한지 물어본다. 또한 사회자는 자신의 의견을 강요하는 분위기로 이끌어가서는 안 된다. 다만 어떤 안건에 대한 별다른 의견 제시가 없고 발표자가 없을 때는 '저의 생각은 이렇습니다만 여러분은 어떻게 생각하십니까?'하는 식으로 토론 분위기를 적극적으로 유도한다. 참가자들은 강연자가 퇴장한 후, 조용히 일어서서 주변을 정리하고 차례대로 한 사람씩 퇴장하도록 한다.

표준어 사정 원칙

제1부 표준어 사정 원칙

제1장 총 칙

제1항 표준어는 교양 있는 사람들이 두루 쓰는 현대 서울말로 정
함을 원칙으로 한다.

제2항 외래어는 따로 사정한다.

제2장 발음 변화에 따른 표준어 규정

제1절 자 음

제3항 다음 단어들은 거센소리를 가진 형태를 표준어로 삼는다.
(ㄱ을 표준어로 삼고, ㄴ을 버림.)

〔ㄱ〕	〔ㄴ〕	〔비고〕
ㄲ나풀	ㄲ나불	
나팔-꽃	나발-꽃	
녘	녁	동~, 들~, 새벽~, 동틀~
부엌	부억	
살-쾡이	삵-괭이	* 삵피-표준어
칸	간	1. ~막이, 빈~, 방 한~
		2. '초가삼간, 윗간'의 경우에는 '간'임.
털어-먹다	떨어-먹다	재물을 다 없애다.

제4항 다음 단어들은 거센소리로 나지 않는 형태를 표준어로 삼는다.(ㄱ을 표준어로 삼고, ㄴ을 버림.)

〔ㄱ〕	〔ㄴ〕	〔비고〕
가을-갈이	가을-카리	
거시기	거시키	
분침(分針)	푼침	

제5항 어원에서 멀어진 형태로 굳어져서 널리 쓰이는 것은, 그것을 표준어로 삼는다.(ㄱ을 표준어로 삼고, ㄴ을 버림.)

〔ㄱ〕	〔ㄴ〕	〔비고〕
강낭-콩	강남-콩	
고삿	고샅	겉~, 속~
사글-세	삭월-세	'월세'는 표준어임.
울력-성당	위력-성당	떼를 지어서 으르고 협박하는 일

다만, 어원적으로 원형에 더 가까운 형태가 아직 쓰이고 있는 경우에는, 그것을 표준어로 삼는다.(ㄱ을 표준어로 삼고, ㄴ을 버림.)

〔ㄱ〕	〔ㄴ〕	〔비고〕
갈비	가리	~구이, ~찜, 갈빗-대
갓모	갈모	1. 사기 만드는 물레 밑고리
		2. '갈모'는 갓 위에 쓰는, 유지로 만든 우비
굴-젓	구-젓	
말-곁	말-겻	
물-수란	물-수랄	
밀-뜨리다	미-뜨리다	
적이	저으기	적이-나, 적이나-하면
휴지	수지	

제6항 다음 단어들은 의미를 구별함이 없이, 한 가지 형태만을 표준어로 삼는다.(ㄱ을 표준어로 삼고, ㄴ을 버림.)

〔ㄱ〕	〔ㄴ〕	〔비고〕
돌	돐	생일, 주기
둘-째	두-째	'제2, 두 개째'의 뜻
셋-째	세-째	'제3, 세 개째'의 뜻
넷-째	네-째	'제4, 네 개째'의 뜻
빌리다	빌다	1. 빌려 주다, 빌려 오다
		2. '용서를 빌다'는 '빌다'임.

다만, '둘째'는 십 단위 이상의 서수사에 쓰일 때에는 '두째'로 한다.

〔ㄱ〕	〔ㄴ〕	〔비고〕
열두-째		열두 개째의 뜻은 '열둘째'로
스물두-째		스물두 개째의 뜻은 '스물둘째'로

제7항 수컷을 이르는 접두사는 '수-'로 통일한다.(ㄱ을 표준어로 삼고, ㄴ을 버림.)

〔ㄱ〕	〔ㄴ〕	〔비고〕
수-꿩	수-퀑, 숫-꿩	'장끼'도 표준어임.
수-나	숫-놈	
수-사돈	숫-사돈	
수-소	숫-소	'황소'도 표준어임.
수-은행나무	숫-은행나무	

다만 1. 다음 단어에서는 접두사 다음에서 나는 거센소리를 인정한다. 접두사 '암-'이 결합되는 경우에도 이에 준한다.(ㄱ을 표준어로 삼고, ㄴ을 버림.)

〔ㄱ〕	〔ㄴ〕	〔비고〕
수-캉아지	숫-강아지	
수-캐	숫-개	
수-컷	숫-것	
수-키와	숫-기와	
수-탉	숫-닭	
수-탕나귀	숫-당나귀	
수-톨쩌귀	숫-돌쩌귀	
수-퇘지	숫-돼지	
수-평아리	숫-병아리	

다만 2. 다음 단어의 접두사는 '숫-'으로 한다.(ㄱ을 표준어로 삼
고, ㄴ을 버림.)

〔ㄱ〕	〔ㄴ〕	〔비고〕
숫-양	수-양	
숫-염소	수-염소	
숫-쥐	수-쥐	

제 2 절 모 음

제8항 양성모음이 음성모음으로 바뀌어 굳어진 다음 단어는 음성
모음 형태를 표준어로 삼는다.(ㄱ을 표준어로 삼고, ㄴ을 버림.)

〔ㄱ〕	〔ㄴ〕	〔비고〕
깡충-깡충	깡총-깡총	큰말은 '껑충껑충'임.
-둥이	-동이	←童-이. 귀-, 막-, 선-, 쌍-, 검 -, 바람-, 흰-
발가-숭이	발가-송이	센말은 '빨가숭이', 큰말은 '벌거 숭이, 뻘거숭이'임.

보퉁이	보통이	
봉죽	봉족	←奉足. ~꾼, ~들다
뻗정-다리	뻗장-다리	
아서, 아서라	앗아, 앗아라	하지 말라고 금지하는 말
오뚝-이	오똑-이	부사도 '오뚝-이'임.
주추	주초	←柱礎. 주춧-돌

다만, 어원 의식이 강하게 작용하는 다음 단어에서는 양성모음 형태를 그대로 표준어로 삼는다.(ㄱ을 표준어로 삼고, ㄴ을 버림.)

〔ㄱ〕	〔ㄴ〕	〔비고〕
부조(扶助)	부주	~금, 부좃-술
사돈(査頓)	사둔	밭~, 안~
삼촌(三寸)	삼춘	시~, 외~, 처~

제9항 'ㅣ' 역행동화 현상에 의한 발음은 원칙적으로 표준 발음으로 인정하지 아니하되, 다만 다음 단어들은 그러한 동화가 적용된 형태를 표준어로 삼는다.(ㄱ을 표준어로 삼고, ㄴ을 버림.)

〔ㄱ〕	〔ㄴ〕	〔비고〕
-내기	-나기	서울-, 시골-, 신출-, 풋-
냄비	남비	
동댕이-치다	동당이-치다	

[붙임1] 다음 단어는 'ㅣ' 역행동화가 일어나지 아니한 형태를 표준어로 삼는다.(ㄱ을 표준어로 삼고, ㄴ은 버림.)

〔ㄱ〕	〔ㄴ〕	〔비고〕
미장이	미쟁이	
유기장이	유기쟁이	

멋쟁이	멋장이
소금쟁이	소금장이
담쟁이-덩굴	담장이-덩굴
골목쟁이	골목장이
발목쟁이	발목쟁이

제10항 다음 단어는 모음이 단순화한 형태를 표준어로 삼는다.(ㄱ을
표준어로 삼고, ㄴ을 버림.)

〔ㄱ〕	〔ㄴ〕	〔비고〕
괴팍-하다	괴퍅-하다/괴팩-하다	
-구먼	-구면	
미루-나무	미류-나무	←美柳~
미륵	미력	←彌勒. ~보살, ~불, 돌-
여느	여늬	
온-달	왼-달	만 한 달
으레	으례	
케케-묵다	켸켸-묵다	
허우대	허위대	
허우적-허우적	허위적-허위적	허우적-거리다

제11항 다음 단어에서는 모음의 발음 변화를 인정하여, 발음이 바
뀌어 굳어진 형태를 표준어로 삼는다.(ㄱ을 표준어로 삼고,
ㄴ을 버림.)

〔ㄱ〕	〔ㄴ〕	〔비고〕
-구려	-구료	
깍쟁이	깍정이	1. 서울~, 알~, 찰~
		2. 도토리, 상수리 등의 받침은 '깍정이'임.

나무라다	나무래다	
미수	미시	미숫-가루
바라다	바래다	'바램[所望]'은 비표준어임.
상추	상치	～쌈
시러베-아들	실업의-아들	
주책	주착	←主着. ～망나니, ～없다
지루-하다	지리-하다	←支離
튀기	트기	
허드레	허드래	허드렛-물, 허드렛-일
호루라기	호루라기	

제12항 '옷-' 및 '윗-'은 명사 '위'에 맞추어 '윗-'으로 통일한다.(ㄱ을 표준어로 삼고, ㄴ을 버림.)

〔ㄱ〕	〔ㄴ〕	〔비고〕
윗-넓이	웃-넓이	
윗-눈썹	웃-눈썹	
윗-니	웃-니	
윗-당줄	웃-당줄	
윗-덧줄	웃-덧줄	
윗-도리	웃-도리	
윗-동아리	웃-동아리	준말은 '윗동'임.
윗-막이	웃-막이	
윗-머리	웃-머리	
윗-목	웃-목	
윗-몸	웃-몸	～운동
윗-바람	웃-바람	
윗-배	웃-배	
윗-벌	웃-벌	

윗-변	웃-변	수학 용어
윗-사랑	웃-사랑	
윗-세장	웃-세장	
윗-수염	웃-수염	
윗-입술	웃-입술	
윗-잇몸	웃-잇몸	
윗-자리	웃-자리	
윗-중방	웃-중방	

다만 1. 된소리나 거센소리 앞에서는 '위-'로 한다.(ㄱ을 표준어
　　　로 삼고, ㄴ을 버림.)

〔ㄱ〕	〔ㄴ〕	〔비고〕
위-짝	웃-짝	
위-쪽	웃-쪽	
위-채	웃-채	
위-층	웃-층	
위-치마	웃-치마	
위 턱	웃-터	~구름[上層雲]
위-팔	웃-팔	

다만 2. '아래, 위'의 대립이 없는 단어는 '웃-'으로 발음되는 형태
　　　를 표준어로 삼는다.(ㄱ을 표준어로 삼고, ㄴ을 버림.)

〔ㄱ〕	〔ㄴ〕	〔비고〕
웃-국	윗-국	
웃-기	윗-기	
웃-돈	윗-돈	
웃-비	윗-비	~걷다
웃-어른	윗-어른	
웃-옷	윗-옷	

제13항 한자 '구(句)'가 붙어서 이루어진 단어는 '귀'로 읽는 것을 인정하지 아니하고, '구'로 통일한다.(ㄱ을 표준어로 삼고, ㄴ을 버림.)

〔ㄱ〕	〔ㄴ〕	〔비고〕
구법(句法)	귀법	
구절(句節)	귀절	
구점(句點)	귀점	
결구(結句)	결귀	
경구(警句)	경귀	
경인구(警人句)	경인귀	
난구(難句)	난귀	
단구(短句)	단귀	
단명구(短命句)	단명귀	
대구(對句)	대귀	~법(對句法)
문구(文句)	문귀	
성구(成句)	성귀	~어(成句語)
시구(詩句)	시귀	
어구(語句)	어귀	
연구(聯句)	연귀	
인용구(引用句)	인용귀	
절구(絶句)	절귀	

다만, 다음 단어는 '귀'로 발음되는 형태를 표준어로 삼는다.(ㄱ을 표준어로 삼고, ㄴ을 버림.)

〔ㄱ〕	〔ㄴ〕	〔비고〕
귀-글	구-글	
글-귀	글-구	

제3절 준말

제14항 준말이 널리 쓰이고 본말이 잘 쓰이지 않는 경우에는, 준
말만을 표준어로 삼는다.(ㄱ을 표준어로 삼고, ㄴ을 버림.)

〔ㄱ〕	〔ㄴ〕	〔비고〕
귀찮다	귀치 않다	
김	기음	~매다
똬리	또아리	
무	무우	~강즙, ~말랭이, ~생채, 가랑 ~, 갓~, 왜~, 총각~
미다	무이다	1. 털이 빠져 살이 드러나다. 2. 찢어지다
뱀	배암	
뱀-장어	배암-장어	
빔	비음	설~, 생일~
샘	새암	~바르다, ~바리
생-쥐	새앙-쥐	
솔개	소리개	
온-갖	온-가지	
장사-치	장사-아치	

제15항 준말이 쓰이고 있더라도, 본말이 널리 쓰이고 있으면 본말
을 표준어로 삼는다.(ㄱ을 표준어로 삼고, ㄴ을 버림.)

〔ㄱ〕	〔ㄴ〕	〔비고〕
경황-없다	경-없다	
궁상-떨다	궁-떨다	
귀이-개	귀-개	
낌새	낌	

낙인-찍다	낙-하다/낙-치다
내왕-꾼	냉-꾼
돗-자리	돗
뒤웅-박	뒝-박
뒷물-대야	뒷-대야
마구-잡이	들잡이
맵자-하다	맵자다 모양이 제격에 어울리다
모이	모
벽-돌	벽
부스럼	부럼 정월 보름에 쓰는 '부럼'은 표준어임.
살얼음-판	살-판
수두룩-하다	수둑-하다
암-죽	암
어음	엄
일구다	일다
죽-살이	죽-살
퇴박-맞다	퇴-맞다
한통-치다	통-치다

다만, 다음과 같이 명사에 조사가 붙은 경우에도 이 원칙을 적용한다.(ㄱ을 표준어로 삼고, ㄴ을 버림.)

〔ㄱ〕	〔ㄴ〕	〔비고〕
아래-로	알-로	

제16항 준말과 본말이 다 같이 널리 쓰이면서 준말의 효용이 뚜렷이 인정되는 것은, 두 가지를 다 표준어로 삼는다.(ㄱ은 본말이며, ㄴ은 준말임.)

〔ㄱ〕	〔ㄴ〕	〔비고〕
거짓-부리	거짓-불	작은말은 '가짓부리, 가짓불'임.
노을	놀	저녁~
막대기	막대	
망태기	망태	
머무르다	머물다	모음 어미가 연결될 때에는
서두르다	서둘다	준말의 활용형을 인정하지 않음.
서투르다	서툴다	
석새-삼베	석새-베	
시-누이	시-뉘/시-누	
오-누이	오-뉘/오-누	
외우다	외대	외우며, 외워: 외며, 외어
이기죽-거리다	이죽-거리다	
찌꺼기	찌끼	'찌꺽지'는 비표준어임.

제17항 비슷한 발음의 몇 형태가 쓰일 경우, 그 의미에 아무런 차
　　　　이가 없고 그 중 하나가 더 널리 쓰이면, 그 한 형태만을
　　　　표준어로 삼는다.(ㄱ을 표준어로 삼고, ㄴ을 버림.)

〔ㄱ〕	〔ㄴ〕	〔비고〕
거든-그리다	거둥-그리다	1. 거든하게 거두어 싸다.
		2. 작은말은 '가든-그리다'임.
구어-박다	구워-박다	사람이 한 군데에서만 지내다.
귀-고리	귀엣-고리	
귀-띔	귀-틤	
귀-지	귀에-지	
까딱-하면	까땍-하면	
꼭두-각시	꼭둑-각시	
내색	나색	감정이 나타나는 얼굴빛

내숭-스럽다	내흉-스럽다	
냠냠-거리다	얌냠-거리다	냠냠-하다
냠냠-이	냠얌-이	
너[四]	네	~돈, ~말, ~발, ~푼
넉[四]	너/네	~냥, ~되, ~섬, ~자
다다르다	다닫다	
댑-싸리	대-싸리	
더부룩-하다	더뿌룩-하다/ 듬뿌룩-하다	
-던	-든	선택, 무관의 뜻을 나타내는 어미는 -든'임. 가-든(지), 말-든(지), 보-든(가), 말-든(가)
-던가	-든가	
-던걸	-든걸	
-던고	-든고	
-던데	-든데	
-던지	-든지	
-(으)려고	-(으)ㄹ려고/ -(으)ㄹ라고	
-(으)려야	-(으)ㄹ려야/ -(으)ㄹ래야	
망가-뜨리다	망그-뜨리다	
멸치	며루치/메리치	
반빗-아치	반비-아치	'반빗' 노릇을 하는 사람. 찬비(饌婢). '반비'는 밥 짓는 일을 맡은 계집종
보습	보십/보섭	
본새	뽄새	

봉숭아	봉숭화	'봉선화'도 표준어임.
뺨-따귀	뺨-따귀/뺨-따구니	'뺨'의 비속어임.
뻐개다[析]	뻐기다	두 조각으로 가르다.
뻐기다[誇]	뻐개다	뽐내다
사자-탈	사지-탈	
상-판대기	쌍-판대기	
서[三]	세/석	~돈, ~말, ~발, ~푼
석[三]	세	~냥, ~되, ~섬, ~자
설령(設令)	서령	
-습니다	-읍니다	먹습니다, 갔습니다, 없습니다, 있습니다, 좋습니다 모음 뒤에는 '-ㅂ니다'임.
시름-시름	시늠-시늠	
씀벅-씀벅	썸벅-썸벅	
아궁이	아궁지	
아내	안해	
어-중간	어지-중간	
오금-팽이	오금-탱이	
오래-오래	도래-도래	돼지 부르는 소리
-올시다	-올습니다	
옹골-차다	공골-차다	
우두커니	우두머니	작은말은 '오도카니'임.
잠-투정	잠-투세/잠-주정	
재봉-틀	자봉-틀	발~, 손~
짓-무르다	짓-물다	
짚-북데기	짚-북세기	'짚북더기'도 비표준어임.
쪽	짝	편(便). 이~, 그~, 저~ 다만, '아무-쪽'은 '짝'임.
천장(天障)	천정	'천정부지(天井不知)'는 '천

정'임.

코-맹맹이　　　코-맹녕이
흥-업다　　　　흥-헙다

제4절　복수 표준어

제18항　다음 단어는 ㄱ을 원칙으로 하고, ㄴ도 허용한다.

〔ㄱ〕	〔ㄴ〕	〔비고〕
네	예	
쇠-	소-	-가죽, -고기, -기름, -머리, -뼈
괴다	고이다	물이 ～, 밑을 ～.
꾀다	꼬이다	어린애를 ～, 벌레가 ～.
쐬다	쏘이다	바람을 ～.
죄다	조이다	나사를 ～.
쬐다	쪼이다	볕을 ～.

제19항　어감의 차이를 나타내는 단어 또는 발음이 비슷한 단어들
이 다 같이 널리 쓰이는 경우에는, 그 모두를 표준어로 삼
는다.(ㄱ, ㄴ을 모두 표준어로 삼음.)

〔ㄱ〕	〔ㄴ〕	〔비고〕
거슴츠레-하다	게슴츠레-하다	
고까	꼬까	～신, ～옷
고린-내	코린-내	
교기(驕氣)	갸기	교만한 태도
구린-내	쿠린-내	
꺼림-하다	께름-하다	
나부랭이	너부렁이	

제3장 어휘 선택의 변화에 따른 표준어 규정

제1절 고 어

제20항 사어(死語)가 되어 쓰이지 않게 된 단어는 고어로 처리하고, 현재 널리 사용되는 단어를 표준어로 삼는다.(ㄱ을 표준어로 삼고, ㄴ을 버림.)

〔ㄱ〕	〔ㄴ〕	〔비고〕
난봉	봉	
낭떠러지	낭	
설거지-하다	설겆다	
애달프다	애닯다	
오동-나무	머귀-나무	
자두	오얏	

제2절 한자어

제21항 고유어 계열의 단어가 널리 쓰이고 그에 대응되는 한자어 계열의 단어가 용도를 잃게 된 것은, 고유어 계열의 단어만을 표준어로 삼는다.(ㄱ을 표준어로 삼고, ㄴ을 버림.)

〔ㄱ〕	〔ㄴ〕	〔비고〕
가루-약	말-약	
구들-장	방-돌	
길품-삯	보행-삯	
까막-눈	맹-눈	
꼭지-미역	총각-미역	

나뭇-갓	시장-갓	
늙-다리	노닥다리	
두껍-닫이	두껍-창	
떡-암죽	병-암죽	
마른-갈이	건-갈이	
마른-빨래	건-빨래	
메-찰떡	반-찰떡	
박달-나무	배달-나무	
밥-소라	식-소라	큰 놋그릇
사래-논	사래-답	묘지기나 마름이 부쳐 먹는 땅
사래-밭	사래-전	
삯-말	삯-마	
성냥	화곽	
솟을-무늬	솟을-문	
외-지다	벽-지다	
움-파	동-파	
잎-담배	잎-초	
잔-돈	잔-전	
조-당수	조-당죽	
죽데기	피-죽	'죽더기'도 비표준어임.
지겟-다리	목-발	지게 동발의 양쪽 다리
짐-꾼	부지-군(負持-)	
푼-돈	분전/푼전	
흰-말	백-말/부루-말	'백마'는 표준어임.
흰-죽	백-죽	

제22항 고유어 계열의 단어가 생명력을 잃고 그에 대응되는 한자
어 계열의 단어가 널리 쓰이면, 한자어 계열의 단어를 표
준어로 삼는다.(ㄱ을 표준어로 삼고, ㄴ을 버림.)

〔ㄱ〕	〔ㄴ〕	〔비고〕
개다리-소반	개다리-밥상	
겸-상	맞-상	
고봉-밥	높은-밥	
단-벌	홑-벌	
마방-질	마바리-집	馬房-
민망-스럽다/면구-스럽다	민주-스럽다	
방-고래	구들-고래	
부항-단지	뜸-단지	
산-누에	멧-누에	
산-줄기	멧-줄기/멧-발	
수-삼	무-삼	
심-돋우개	불-돋우개	
양-파	둥근-파	
어질-병	어질-머리	
윤-달	군-달	
장력-세다	장성-세다	
제석	젯-돗	
총각-무	알-무/알타리-무	
칫-솔	잇-솔	
포수	총-댕이	

제 3 절 방언

제23항 방언이던 단어가 표준어보다 더 널리 쓰이게 된 것은, 그
것을 표준어로 삼는다. 이 경우, 원래의 표준어는 그대로
표준어로 남겨 두는 것을 원칙으로 한다.(ㄱ을 표준어로
삼고, ㄴ도 표준어로 남겨 둠.)

〔ㄱ〕	〔ㄴ〕	〔비고〕
멍게	우렁쉥이	
물-방개	선두리	
애-순	어린-순	

제24항 방언이던 단어가 널리 쓰이게 됨에 따라 표준어이던 단어가 안 쓰이게 된 것은, 방언이던 단어를 표준어로 삼는다. (ㄱ을 표준어로 삼고, ㄴ을 버림.)

〔ㄱ〕	〔ㄴ〕	〔비고〕
귀밑-머리	귓-머리	
까-뭉개다	까-무느다	
막상	마기	
빈대-떡	빈자-떡	
생인-손	생안-손	준말은 '생-손'임.
역-겹다	역-스럽다	
코-주부	코-보	

제 4 절 단수 표준어

제25항 의미가 똑같은 형태가 몇 가지 있을 경우, 그 중 어느 하나가 압도적으로 널리 쓰이면, 그 단어만을 표준어로 삼는다.(ㄱ을 표준어로 삼고, ㄴ을 버림.)

〔ㄱ〕	〔ㄴ〕	〔비고〕
-게끔	-게시리	
겸사-겸사	겸지-겸지/겸두-겸두	
고구마	참-감자	
고치다	낫우다	병을~
골목-쟁이	골목-자기	

광주리	광우리	
괴통	호구	자루를 박는 부분
국-물	멀-국/말-국	
군-표	군용-어음	
길-잡이	길-앞잡이	'길라잡이'도 표준어임.
까다롭다	까닭-스럽다/	
	까탈-스럽다	
까치-발	까치-다리	선반 따위를 받치는 물건
꼬창-모	말뚝-모	꼬창이로 구멍을
		뚫으면서 심는 모
나룻-배	나루	'나루[津]'는 표준어임.
납-도리	민-도리	
농-지거리	기롱-지거리	다른 의미의
		'기롱지거리'는
		표준어임.
다사-스럽다	다사-하다	간섭을 잘 하다.
다오	다구	이리~
담배-꽁초	담배-꼬투리/	
	담배-꽁치/담배-꽁추	
담배-설대	대-설대	
대장-일	성냥-일	
뒤져-내다	뒤어-내다	
뒤통수-치다	뒤꼭지-치다	
등-나무	등-칡	
등-때기	등-떠리	'등'의 낮은 말
등잔-걸이	등경-걸이	
떡-보	떡-충이	
똑딱-단추	딸꼭-단추	
매-만지다	우미다	

먼-발치	먼-발치기	
며느리-발톱	뒷-발톱	
명주-붙이	주-사니	
목-메다	목-맺히다	
밀짚-모자	보릿짚-모자	
바가지	열-바가지/열-박	
바람-꼭지	바람-고다리	튜브의 바람을 넣는 구멍에 붙은 쇠로 만든 꼭지
반-나절	나절-가웃	
반두	독대	그물의 한 가지
버젓-이	뉘연-히	
본-받다	법-받다	
부각	다시마-자반	
부ㄲ러워-하다	부ㄲ리다	
부스러기	부스럭지	
부지깽이	부지팽이	
부항-단지	부항-항아리	부스럼에서 피고름을 빨아내기 위하여 부항을 붙이는 데 쓰는 자그마한 단지
붉으락-푸르락	푸르락-붉으락	
비켜-덩이	옆-사리미	김맬 때에 흙덩이를 옆으로 빼내는 일, 또는 그 흙덩이
빙충-이	빙충-맞이	작은말은 '뱅충이'
빠-뜨리다	빠-치다	'빠트리다'도 표준어임.
뺏 백하다	왜긋다	
뽐-내다	느물다	

사로-잠그다	사로-채우다	자물쇠나 빗장 따위를 반 정도만 걸어 놓다.
살-풀이	살-막이	
상투-쟁이	상투-꼬부랑이	상투 튼 이를 놀리는 말
새앙-손이	생강-손이	
샛-별	새벽-별	
선-머슴	풋-머슴	
섭섭-하다	애운-하다	
속-말	속-소리	국악 용어 '속소리'는 표준어임.
손목-시계	팔목-시계/팔뚝-시계	
손-수레	손-구루마	'구루마'는 일본어임.
쇠-고랑	고랑-쇠	
수도-꼭지	수도-고동	
숙성-하다	숙-지다	
순대	골집	
술-고래	술-꾸러기/술-부대/ 술-보/술-푸대	
식은-땀	찬-땀	
신기-롭다	신기-스럽다	'신기하다'도 표준어임.
쌍동-밤	쪽-밤	
쏜살-같이	쏜살-로	
아주	영판	
안-걸이	안-낚시	씨름 용어
안다미-씌우다	안다미-시키다	제가 담당할 책임을 남에게 넘기다.
안쓰럽다	안-슬프다	
안절부절-못하다	안절부절-하다	
앉은뱅이-저울	앉은-저울	

알-사탕	구슬-사탕
암-내	곁땀-내
앞-지르다	따라-먹다
애-벌레	어린-벌레
얕은-꾀	물탄-꾀
언뜻	펀뜻
언제나	노다지
얼룩-말	워라-말
-에는	-엘랑
열심-히	열심-으로
열어-제치다	열어-젖뜨리다
입-담	말-담
자배기	너벅지
전봇-대	전선-대
주책-없다	주책-이다 '주착→주책'은 제11항 참조
쥐락-펴락	펴락-쥐락
-지만	-지만서도 ←-지마는
짓고-땡	지어-땡/짓고-땡이
짧은-작	짜른-작
찹-쌀	이-찹쌀
청대-콩	푸른-콩
칡-범	갈-범

제 5 절 복수 표준어

제26항 한 가지 의미를 나타내는 형태 몇 가지가 널리 쓰이며 표
준어 규정에 맞으면, 그 모두를 표준어로 삼는다.

〔복수 표준어〕	〔비고〕
가는-허리/잔-허리	
가락-엿/가래-엿	
가뭄/가물	
가엾다/가엽다	가엾어/가여워, 가엾은/가여운
감감-무소식/감감-소식	
개수-통/설거지-통	'설겆다'는 '설거지-하다'로
개숫-물/설거지-물	
갱-엿/검은-엿	
-거리다/-대다	가물-, 출렁-
거위-배/횟-배	
것/해	내~, 네~, 뉘~
게을러-빠지다/게을러-터지다	
고깃-간/푸줏-간	'고깃-관, 푸줏-관, 다림-방'은 비표준어임.
곰곰/곰곰-이	
관계-없다/상관-없다	
교정-보다/준-보다	
구들-재/구재	
귀퉁-머리/귀퉁-배기	'귀퉁이'의 비어임.
극성-떨다/극성-부리다	
기세-부리다/기세-피우다	
기승-떨다/기승-부리다	
깃-저고리/배내-옷/배냇-저고리	
까까-중/중-대가리	'까까중이'는 비표준어임.
꼬까/때때/고까	~신, ~옷
꼬리-별/살-별	

꽃-도미/붉-돔

나귀/당-나귀

날-걸/세-뿔   윷판의 쨀밭 다음의 셋째 밭

내리-글씨/세로-글씨

넝쿨/덩굴   '덩쿨'은 비표준어임.

녘/쪽   동~, 서~

눈-대중/눈-어림/눈-짐작

느리-광이/느림-보/늘-보

늦-모/마냥-모   ←만이앙-모

다기-지다/다기-차다

다달-이/매-달

-다마다/-고말고

다박-나룻/다박-수염

닭의-장/닭-장

댓-돌/툇-돌

덧-창/겉-창

독장-치다/독판-치다

동자-기둥/쪼구미

돼지-감자/뚱딴지

되우/된통/되게

두동-무늬/두동-사니   윷놀이에서, 두 동이 한데
                            어울려 가는 말

뒷-갈망/뒷-감당

뒷-말/뒷-소리

들락-거리다/들랑-거리다

들락-날락/들랑-날랑

딴-전/딴-청

땅-콩/호-콩

땔-감/땔-거리

-뜨리다/-트리다   깨-, 떨어-, 쏟-

뜬-것/뜬-귀신

마룻-줄/용총-줄   돛대에 매어 놓은 줄. '이어
                            줄'은 비표준어임.

마-파람/앞-바람

만장-판/만장-중(滿場中)

만큼/만치

말-동무/말-벗

매-갈이/매-조미

매-통/목-매

먹-새/먹음-새   '먹음-먹이'는 비표준어임.

멀찌감치/멀찌가니/멀찍이

멱통/산-멱/산-멱통

면-치레/외면-치레

모 내다/모-심다   노-내기/모-심기

모쪼록/아무쪼록

목판-되/모-되

목화-씨/면화-씨

무심-결/무심-중

물-봉숭아/물-봉선화

물-부리/빨-부리

물-심부름/물-시중

물추리-나무/물추리-막대

물-타작/진-타작

민둥-산/벌거숭이-산

밑-층/아래-층

바깥-벽/밭-벽

바른/오른[右]　　　　　　　　~손, ~쪽, ~편

발-모가지/발-목쟁이　　　　'발목'의 비속어임.

버들-강아지/버들-개지

벌레/버러지　　　　　　　　'벌거지, 벌러지'는 비표준어임.

변덕-스럽다/변덕-맞다

보-조개/볼-우물

보통-내기/여간-내기/예사-내기　　'행-내기'는 비표준어임.

볼-따구니/볼-퉁이/볼-때기　　'볼'의 비속어임.

부침개-질/부침-질/지짐-질　　'부치개-질'은 비표준어임.

불똥-앉다/등화-지다/등화-앉다

불-사르다/사르다

비발/비용(費用)

뾰두라지/뾰루지

살-쾡이/삵　　　　　　　　삵-피

삽살-개/삽사리

상두-꾼/상여-꾼　　　　　　'상도-꾼, 향도-꾼'은
　　　　　　　　　　　　　　　비표준어임.

상-씨름/소-걸이

생/새앙/생강

생-뿔/새앙-뿔/생강-뿔　　　'쇠뿔'의 형용

생-철/양-철　　　　　　　　1. '서양-철'은 비표준어임.
　　　　　　　　　　　　　　2. '生鐵'은 '무쇠'임.

서럽다/섧다　　　　　　　　'설다'는 비표준어임.

서방-질/화냥-질

성글다/성기다

-(으)세요/-(으)셔요

송이/송이-버섯

수수-깡/수숫-대

술-안주/안주

-스레하다/-스름하다   거무-, 발그-

시늉-말/흉내-말

시새/세사(細沙)

신/신발

신주-보/독보(櫝褓)

심술-꾸러기/심술-쟁이

씁쓰레-하다/씁쓰름-하다

아귀-세다/아귀-차다

아래-위/위-아래

아무튼/어떻든/어쨌든/하여튼/여하튼

앉음-새/앉음-앉음

알은-척/알은-체

애-갈이/애벌-갈이

애꾸눈-이/외눈-박이   '외대-박이, 외눈-퉁이'는
                            비표준어임.

양념-감/양념-거리

어금버금-하다/어금지금-하다

어기여차/어여차

어림-잡다/어림-치다

어이-없다/어처구니-없다

어저께/어제

언덕-바지/언덕-배기

얼렁-뚱땅/엄벙-떵

여왕-벌/장수-벌

여쭈다/여쭙다

여태/입때   '여직'은 비표준어임.

여태-껏/이제-껏/입때-껏   '여지-껏'은 비표준어임.

역성-들다/역성-하다   '편역-들다'는 비표준어임.

연-달다/잇-달다

엿-가락/엿-가래

엿-기름/엿-길금

엿-반대기/엿-자박

오사리-잡놈/오색-잡놈   '오합-잡놈'은 비표준어임.

옥수수/강냉이   ~떡, ~묵, ~밥, ~튀김

왕골-기직/왕골-자리

외겹-실/외올-실/홑-실   '홑겹-실, 올-실'은 비표준어임.

외손-잡이/한손-잡이

욕심-꾸러기/욕심-쟁이

우레/천둥   우렛-소리/천둥-소리

우지/울-보

을러-대다/을러-메다

의심-스럽다/의심-쩍다

-이에요/-이어요

이틀-거리/당-고금   학질의 일종임.

일일-이/하나-하나

일찌감치/일찌거니

입찬-말/입찬-소리

자리-옷/잠-옷

자물-쇠/자물-통

장가-가다/장가-들다   '서방-가다'는 비표준어임.

재롱-떨다/재롱-부리다	
제-가끔/제-각기	
좀-처럼/좀-체	'좀-체로, 좀-해선, 좀-해'는 비표준어임.
줄-꾼/줄-잡이	
중신/중매	
짚-단/짚-못	
쪽/편	오른~, 왼~
차차/차츰	
책-씻이/책-거리	
척/체	모르는~, 잘난~
천연덕-스럽다/천연-스럽다	
철-따구니/철-딱서니/철-딱지	'철-때기'는 비표준어임.
추어-올리다/추어-주다	'추켜-올리다'는 비표준어임.
축-가다/축-나다	
침-놓다/침-주다	
통-꼭지/통-젖	통에 붙은 손잡이
파자-쟁이/해자-쟁이	점치는 이
편지-투/편지-틀	
한턱-내다/한턱-하다	
해웃-값/해웃-돈	'해우-차'는 비표준어임.
혼자-되다/홀로-되다	
흠-가다/흠-나다/흠-지다	

제 2 부 표준 발음법

제1장 총 칙

제1항 표준 발음법은 표준어의 실제 발음을 따르되, 국어의 전통성과 합리성을 고려하여 정함을 원칙으로 한다.

제2장 자음과 모음

제2항 표준어의 자음은 다음 19개로 한다.

ㄱ ㄲ ㄴ ㄷ ㄸ ㄹ ㅁ ㅂ ㅃ ㅅ ㅆ ㅇ ㅈ ㅉ ㅊ ㅋ ㅌ ㅍ ㅎ

제3항 표준어의 모음은 다음 21개로 한다.

ㅏ ㅐ ㅑ ㅒ ㅓ ㅔ ㅕ ㅖ ㅗ ㅘ ㅙ ㅚ ㅛ ㅜ ㅝ ㅞ ㅟ ㅠ ㅡ ㅢ ㅣ

제4항 'ㅏ ㅐ ㅓ ㅔ ㅗ ㅚ ㅜ ㅟ ㅡ ㅣ'는 단모음(單母音)으로 발음한다.

다만, 'ㅚ, ㅟ'는 이중 모음으로 발음할 수 있다.

제5항 'ㅑ ㅒ ㅕ ㅖ ㅘ ㅙ ㅛ ㅝ ㅞ ㅠ ㅢ'는 이중 모음으로 발음한다.

다만 1. 용언의 활용형에 나타나는 '저, 쩌, 쳐'는 [저, 쩌, 처]로
발음한다.

가지어→가져[가저]   찌어→[쩌]
다치어→다쳐[다처]

다만 2. '예, 례' 이외의 'ㅖ'는 [ㅔ]로도 발음한다.

계집[계:집/게:집]   계시다[계:시다/게:시다]
시계[시계/시게](時計)   연계[연계/연게](連繫)
몌별[몌별/메별](袂別)   개폐[개폐/개페](開閉)
혜택[혜:택/헤:택](惠澤)   지혜(지혜/지헤](智慧)

다만 3. 자음을 첫소리로 가지고 있는 음절의 'ㅢ'는 [ㅣ]로 발음
한다.

늴리리   닁큼   무늬   띄어쓰기   씌어   틔어
희어   희떱나 희망   유희

다만 4. 단어의 첫음절 이외의 '의'는 [ㅣ]로, 조사 '의'는 [ㅔ]로
발음함도 허용한다.

주의[주의/주이]   협의[혀븨/혀비]
우리의[우리의/우리에]   강의의[강:의의/강:이에]

제3장　소리의 길이

제6항　모음의 장단을 구별하여 발음하되, 단어의 첫 음절에서만 긴소리가 나타나는 것을 원칙으로 한다.

　　　(1) 눈보라[눈ː보라]　　말씨[말ː씨]　　　밤나무[밤ː나무]
　　　　　많다[만ː타]　　　　멀리[멀ː리]　　　벌리다[벌ː리다]
　　　(2) 첫눈[천눈]　　　　　참말[참말]
　　　　　쌍동밤[쌍동밤]　　　수많이[수ː마니]
　　　　　눈멀다[눈멀다]　　　떠벌리다[떠벌리다]

　　다만, 합성어의 경우에는 둘째 음절 이하에서도 분명한 긴소리를 인정한다.

　　　　　반신반의[반ː신 바ː늬/반ː신 바ː니]　　재삼재사[재ː삼 재ː사]

　　[붙임] 용언의 단음절 어간에 어미 '-아/어'가 결합되어 한 음절로 축약되는 경우에도 긴소리로 발음한다.

　　　　　보아→봐[봐ː]　　　기어→겨[겨ː]　　　되어→돼[돼ː]
　　　　　두어→둬[둬ː]　　　하여→해[해ː]

　　다만, '오아→와, 지어→져, 찌어→쪄, 치어→쳐' 등은 긴소리로 발음하지 않는다.

제7항　긴소리를 가진 음절이라도, 다음과 같은 경우에는 짧게 발음한다.

1. 단음절인 용언 어간에 모음으로 시작된 어미가 결합되는 경우

감다[감ː따]-감으니[가므니]   밟다[밥ː따]-밟으면[발브면]
신다[신ː따]-신어[시너]   알다[알ː다]-알아[아라]

다만, 다음과 같은 경우에는 예외적이다.

끌다[끌ː다]-끌어[끄ː러]   떫다[떫ː다]-떫은[떨ː븐]
벌다[벌ː다]-벌어[버ː러]   썰다[썰ː다]-썰어[써ː러]
없다[업ː따]-없으니[업ː쓰니]

2. 용언 어간에 피동, 사동의 접미사가 결합되는 경우

감다[감ː따]-감기다[감기다]   꼬다[꼬ː다]-꼬이다[꼬이다]
밟다[밥ː따]-밟히다[발피다]

다만, 다음과 같은 경우에는 예외적이다.

끌리다[끌ː리다]   벌리다[벌ː리다]   없애다[업ː쌔다]

[붙임] 다음과 같은 합성어에서는 본디의 길이에 관계없이 짧게
발음한다.

밀-물   썰-물
쏜-살-같이   작은-아버지

제 4 장 받침의 발음

제8항 받침소리로는 'ㄱ, ㄴ, ㄷ, ㄹ, ㅁ, ㅂ, ㅇ'의 7개 자음만 발
음한다.

제9항 받침 'ㄲ, ㅋ', 'ㅅ, ㅆ, ㅈ, ㅊ, ㅌ', 'ㅍ'은 어말 또는 자음 앞에서 각각 대표음 [ㄱ, ㄷ, ㅂ]으로 발음한다.

닦다[닥따]	키읔[키윽]	키읔과[키윽꽈]
옷[옫]	웃다[욷ː따]	있다[읻따]
젖[젇]	빚다[빋따]	꽃[꼳]
쫓다[쫃따]	솥[솓]	뱉다[밷ː따]
앞[압]	덮다[덥따]	

제10항 겹받침 'ㄳ', 'ㄵ', 'ㄼ, ㄽ, ㄾ', 'ㅄ'은 어말 또는 자음 앞에서 각각 [ㄱ, ㄴ, ㄹ, ㅂ]으로 발음한다.

넋[넉]	넋과[넉꽈]	앉다[안따]
여덟[여덜]	넓다[널따]	외곬[외골]
핥다[할따]	값[갑]	

다만, '밟-'은 자음 앞에서 [밥]으로 발음하고, '넓-'은 다음과 같은 경우에 [넙]으로 발음한다.

(1) 밟다[밥ː따]   밟소[밥ː쏘]   밟지[밥ː찌]
    밟는[밥ː는→밤ː는]   밟게[밥ː께]   밟고[밥ː꼬]
(2) 넓-죽하다[넙쭈카다]   넓-둥글다[넙뚱글다]

제11항 겹받침 'ㄺ, ㄻ, ㄿ'은 어말 또는 자음 앞에서 각각 [ㄱ, ㅁ, ㅂ]으로 발음한다.

닭[닥]	흙과[흑꽈]	맑다[막따]
늙지[늑찌]	삶[삼ː]	젊다[점ː따]
읊고[읍꼬]	읊다[읍따]	

다만, 용언의 어간 발음 '려'은 'ㄱ' 앞에서 「ㄹ」로 발음한다.

맑게[말께]   묽고[물꼬]   얽거나[얼꺼나]

제12항 받침 'ㅎ'의 발음은 다음과 같다.

1. 'ㅎ(ㄶ, ㅀ)' 뒤에 'ㄱ, ㄷ, ㅈ'이 결합되는 경우에는, 뒤 음절 첫소리와 합쳐서 [ㅋ, ㅌ, ㅊ]으로 발음한다.

놓고[노코]   좋던[조:턴]   쌓지[싸치]
많고[만:코]   않던[안턴]   닳지[달치]

[붙임1] 받침 'ㄱ(ㄺ), ㄷ, ㅂ(ㄼ), ㅈ(ㄵ)'이 뒤 음절 첫소리 'ㅎ' 과 결합되는 경우에도, 역시 두 소리를 합쳐서 [ㅋ, ㅌ, ㅍ, ㅊ]으로 발음한다.

각하[가카]   먹히다[머키다]   밝히다[발키다]
맏형[마텽]   좁히다[조피다]   넓히다[널피다]
꽂히다[꼬치다]   앉히다[안치다]

[붙임2] 규정에 따라 'ㄷ'으로 발음되는 'ㅅ, ㅈ, ㅊ, ㅌ'의 경우에 는 이에 준한다.

옷 한 벌[오탄벌]   낮 한때[나탄때]   꽃 한 송이[꼬탄송이]
숱하다[수타다]

2. 'ㅎ(ㄶ, ㅀ)' 뒤에 'ㅅ'이 결합되는 경우에는, 'ㅅ'을 [ㅆ]으로 발음한다.

닿소 [다쏘]   많소[만:쏘]   싫소[실쏘]

3. 'ㅎ' 뒤에 'ㄴ'이 결합되는 경우에는, [ㄴ]으로 발음한다.

    놓는[논는]   쌓네[싼네]

[붙임] 'ㄶ, ㅀ'뒤에 'ㄴ'이 결합되는 경우에는, 'ㅎ'을 발음하지
          않는다.

    않네[안네]   않는[안는]   뚫네[뚤네→뚤레]
    뚫는[뚤는→뚤른]

    * '뚫네[뚤네→뚤레] 뚫는[뚤는→뚤른]'에 대해서는 제20항 참조.

4. 'ㅎ(ㄶ, ㅀ)' 뒤에 모음으로 시작된 어미나 접미사가 결합되는
   경우에는, 'ㅎ'을 발음하지 않는다.

    낳은[나은]   놓아[노아]   쌓이다[싸이다]
    많아[마ː나]   않은[아는]   닳아[다라]
    싫어도[시러도]

제13항 홑받침이나 쌍받침이 모음으로 시작된 조사나 어미, 접미
        사와 결합되는 경우에는, 제 음가대로 뒤 음절 첫소리로
        옮겨 발음한다.

    깎아[까까]   옷이[오시]   있어[이써]
    덮이다[더피다]   꽂아[꼬자]   꽃을[꼬츨]
    낮이[나지]   쫓아[쪼차]   밭에[바테]
    앞으로[아프로]

제14항 겹받침이 모음으로 시작된 조사나 어미, 접미사와 결합되
        는 경우에는 뒤엣것만을 뒤 음절 첫소리로 옮겨 발음한다

(이 경우, 'ㅅ'은 된소리로 발음함.)

넋이[넉씨]	앉아[안자]	닭을[달글]
젊어[절머]	곬이[골씨]	핥아[할타]
읊어[을퍼]	값을[갑쓸]	없어[업ː써]

제15항 받침 뒤에 모음 'ㅏ, ㅓ, ㅗ, ㅜ, ㅟ' 들로 시작되는 실질 형태소가 연결되는 경우에는, 대표음으로 바꾸어서 뒤 음절 첫소리로 옮겨 발음한다.

밭 아래[바다래]	늪 앞[느밥]	젖어미[저더미]
꽃 위[꼬뒤]	맛없다[마덥다]	겉옷[거돋]
헛웃음[허두슴]		

다만, '맛있다, 멋있다'는 [마싣따], [머싣따]로도 발음할 수 있다.

[붙임] 겹받침의 경우에는 그 중 하나만을 옮겨 발음한다.

넋 없다[너겁따]	닭 앞에[다가페]	값어치[가버치]
값있는[가빈는]		

제16항 한글 자모의 이름은 그 받침 소리를 연음하되, 'ㄷ, ㅈ, ㅊ, ㅋ, ㅌ, ㅍ, ㅎ'의 경우에는 특별히 다음과 같이 발음한다.

디귿이[디그시]	디귿을[디그슬]	디귿에[디그세]
지읒이[지으시]	지읒을[지으슬]	지읒에[지으세]
치읓이[치으시]	치읓을[치으슬]	치읓에[치으세]
키읔이[키으기]	키읔을[키으글]	키읔에[키으게]
티읕이[티으시]	티읕을[티으슬]	티읕에[티으세]
피읖이[피으비]	피읖을[피으블]	피읖에[피으베]
히읗이[히으시]	히읗을[히으슬]	히읗에[히으세]

제5장 **소리의 동화**

제17항 받침 'ㄷ, ㅌ(ㄾ)'이 조사나 접미사의 모음 'ㅣ'와 결합되는 경우에는, [ㅈ, ㅊ]으로 바꾸어서 뒤 음절 첫소리로 옮겨 발음한다.

곧이듣다[고지듣따]　　굳이[구지]　　미닫이[미다지]
땀받이[땀바지]　　밭이[바치]　　벼훑이[벼훌치]

[붙임] 'ㄷ' 뒤에 접미사 '히'가 결합되어 '티'를 이루는 것은 [치]로 발음한다.

굳히다[구치다]　　닫히다[다치다]　　묻히다[무치다]

제18항 받침 'ㄱ(ㄲ, ㅋ, ㄳ, ㄺ), ㄷ(ㅅ, ㅆ, ㅈ, ㅊ, ㅌ, ㅎ), ㅂ(ㅍ, ㄼ, ㄿ, ㅄ)'은 'ㄴ, ㅁ' 앞에서 [ㅇ, ㄴ, ㅁ]으로 발음한다.

먹는[멍는]　　국물[궁물]　　깎는[깡는]
키읔만[키응만]　　몫몫이[몽목씨]　　긁는[긍는]
흙만[흥만]　　닫는[단는]　　짓는[진ː는]
옷맵시[온맵시]　　있는[인는]　　맞는[만는]
젖멍울[전멍울]　　쫓는[쫀는]　　꽃망울[꼰망울]
붙는[분는]　　놓는[논는]　　잡는[잠는]
밥물[밤물]　　앞마당[암마당]　　밟는[밤는]
읊는[음는]　　없는[엄ː는]　　값매다[감매다]

[붙임] 두 단어를 이어서 한 마디로 발음하는 경우에도 이와 같다.

책 넣는다[챙넌는다]　　흙 말리다[흥말리다]

옷 맞추다[온마추다]   밥 먹는다[밤멍는다]
값 매기다[감매기다]

제19항 받침 'ㅁ, ㅇ' 뒤에 연결되는 'ㄹ'은 [ㄴ]으로 발음한다.

담력[담:녁]   침략[침냑]   강릉[강능]
항로[항:노]   대통령[대:통녕]

[붙임] 받침 'ㄱ, ㅂ' 뒤에 연결되는 'ㄹ'도 [ㄴ]으로 발음한다.

막론[막논→망논]   백리[백니→뱅니]   협력[협녁→혐녁]
십리[십니→심니]

제20항 'ㄴ'은 'ㄹ'의 앞이나 뒤에서 [ㄹ]로 발음한다.

  (1) 난로[날:로]   신라[실라]   천리[철리]
      광한루[광:할루]   대관령[대:괄령]
  (2) 칼날[칼랄]   물난리[물랄리]
      줄넘기[줄럼끼]   할는지[할른지]

[붙임] 첫소리 'ㄴ'이 'ㄶ', 'ㅀ'뒤에 연결되는 경우에도 이에 준한다.

닳는[달른]   뚫는[뚤른]   핥네[할레]

다만, 다음과 같은 단어들은 'ㄹ'을 [ㄴ]으로 발음한다.

의견란[의:견난]   임진란[임:진난]   생산량[생산냥]
결단력[결딴녁]   공권력[공꿘녁]   동원령[동:원녕]
상견례[상견네]   횡단로[횡단노]   이원론[이원논]
입원료[이붠뇨]   구근류[구근뉴]

제21항 위에서 지적한 이외의 자음 동화는 인정하지 않는다.

감기[감:기](×[강:기])   옷감[옫깜](×[옥깜])

있고[읻꼬] (×[익꼬])   꽃길[꼳낄](×[꼭낄])

젖먹이[전머기](×[점머기])   문법[문뻡](×[뭄뻡])

꽃밭[꼳빧](×[꼽빧])

제22항 다음과 같은 용언의 어미는 [어]로 발음함을 원칙으로 하
        되, [여]로 발음함도 허용한다.

피어[피어/피여]   되어[되어/되여]

[붙임] '이오, 아니오'도 이에 준하여 [이요], [아니요]로 발음함을
        허용한다.

제6장 된소리되기

제23항 받침 'ㄱ(ㄲ, ㅋ, ㄳ, ㄺ), ㄷ(ㅅ, ㅆ, ㅈ, ㅊ, ㅌ), ㅂ(ㅍ,
        ㄼ, ㄿ, ㅄ)' 뒤에 연결되는 'ㄱ, ㄷ, ㅂ, ㅅ, ㅈ'은 된소리
        로 발음한다.

국밥[국빱]	깍다[깍따]	넋받이[넉빠지]
삯돈[삭똔]	닭장[닥짱]	칡범[칙뻠]
뻗대다[뻗때다]	옷고름[옫꼬름]	있던[읻떤]
꽂고[꼳꼬]	꽃다발[꼳따발]	낯설다[낟썰다]
밭갈이[받까리]	솥전[솓쩐]	곱돌[곱똘]
덮개[덥깨]	옆집[엽찝]	넓죽하다[넙쭈카다]
읊조리다[읍쪼리다]	값지다[갑찌다]	

제24항 어간 받침 'ㄴ(ㄵ), ㅁ(ㄻ)' 뒤에 결합되는 어미의 첫소리
'ㄱ, ㄷ, ㅅ, ㅈ'은 된소리로 발음한다.

신고[신ː꼬]   껴안다[껴안따]   앉고[안꼬]
얹대[언따]   삼고[삼ː꼬]   더듬지[더듬찌]
닮고[담ː꼬]   젊지[점ː찌]

다만, 피동, 사동의 접미사 '-기-'는 된소리로 발음하지 않는다.

안기다   감기다   굶기다
옮기다

제25항 어간 받침 'ㄼ, ㄾ' 뒤에 결합되는 어미의 첫소리 'ㄱ, ㄷ,
ㅅ, ㅈ'은 된소리로 발음한다.

넓게[널께]   핥다[할따]   훑소[훌쏘]
떫지[떨찌]

제26항 한자어에서, 'ㄹ' 받침 뒤에 결합되는 'ㄷ, ㅅ, ㅈ'은 된소
리로 발음한다.

갈등[갈뜽]   발동[발똥]   절도[절또]
말살[말쌀]   불소(弗素)[불쏘]   일시[일씨]
갈증[갈쯩]   물질[물찔]   발전[발쩐]
몰상식[몰쌍식]   불세출[불쎄출]

다만, 같은 한자가 겹쳐진 단어의 경우에는 된소리로 발음하지 않
는다.

허허실실[허허실실](虛虛實實) 절절-하다[절절하다](切切-)

제27항 관형사형 '-(으)ㄹ' 뒤에 연결되는 'ㄱ, ㄷ, ㅂ, ㅅ, ㅈ'은 된소리로 발음한다.

할 것을[할꺼슬]　　갈 데가[갈떼가]　　할 바를[할빠를]
할 수는[할쑤는]　　할 적에[할쩌게]　　갈 곳[갈꼳]
할 도리[할또리]　　만날 사람[만날싸람]

다만, 끊어서 말할 적에는 예사소리로 발음한다.

[붙임] '-(으)ㄹ'로 시작되는 어미의 경우에도 이에 준한다.

할걸[할껄]　　　할밖에[할빠께]　　할세라[할쎄라]
할수록[할쑤록]　　할지라도[할찌라도]　할지언정[할찌언정]
할진대[할찐대]

제28항 표기상으로는 사잇시옷이 없더라도, 관형격 기능을 지니는 사이시옷이 있어야 할(휴지가 성립되는) 합성어의 경우에는, 뒤 단어의 첫소리 'ㄱ, ㄷ, ㅂ, ㅅ, ㅈ'을 된소리로 발음한다.

문-고리[문꼬리]　　눈-동자[눈똥자]　　신-바람[신빠람]
산-새[산쌔]　　　손-재주[손째주]　　길-가[길까]
물-동이[물똥이]　　발-바닥[발빠닥]　　굴-속[굴ː쏙]
술-잔[술짠]　　　바람-결[바람껼]　　그믐-달[그믐딸]
아침-밥[아침빱]　　잠-자리[잠짜리]　　강-가[강까]
초승-달[초승딸]　　등-불[등뿔]　　　창-살[창쌀]
강-줄기[강쭐기]

제 7 장

소리의 첨가

제29항 합성어 및 파생어에서, 앞 단어나 접두사의 끝이 자음이고
뒤 단어나 접미사의 첫 음절이 '이, 야, 여, 요, 유'인 경우
에는, 'ㄴ' 소리를 첨가하여 [니, 냐, 녀, 뇨, 뉴]로 발음한다.

솜-이불[솜니불]	홑-이불[혼니불]	막-일[망닐]
삯일[상닐]	맨-입[맨닙]	꽃-잎[꼰닙]
내복-약[배ː봉냑]	한-여름[한녀름]	
남존-여비[남존녀비]	신-여성[신녀성]	
색-연필[생년필]	직행-열차[지캥녈차]	
늑막-염[능망념]	콩-엿[콩녇]	담-요[담ː뇨]
눈-요기[눈뇨기]	영업-용[영엄뇽]	식용-유[시굥뉴]
국민-윤리[궁민뉼리]	밤-윷[밤ː뉻]	

다만, 다음과 같은 말들은 'ㄴ' 소리를 첨가하여 발음하되, 표기
대로 발음할 수 있다.

이죽-이죽[이중니죽/이주기죽]	야금-야금[야금냐금/야그먀금]
검열[검ː녈/거ː멸]	욜랑-욜랑[욜랑뇰랑/욜랑욜랑]
금융[금늉/그뮹]	

[붙임1] 'ㄹ' 받침 뒤에 첨가되는 'ㄴ' 소리는 [ㄹ]로 발음한다.

들-일[들ː릴]	솔-잎[솔립]	설-익다[설릭따]
물-약[물략]	불-여우[불려우]	서울-역[서울력]
물-엿[물렫]	휘발-유[휘발류]	유들-유들[유들류들]

[붙임2] 두 단어를 이어서 한 마디로 발음하는 경우에는 이에 준한다.

한 일[한닐]	옷 입다[온닙따]

서른 여섯[서른녀섣]   3연대[삼년대]

먹은 엿[머근녇]   할 일[할릴]

잘 입다[잘립따]   스물 여섯[스물려섣]

1연대[일련대]   먹을 엿[머글렫]

다만, 다음과 같은 단어에서는 'ㄴ(ㄹ)' 소리를 첨가하여 발음하
  지 않는다.

6·25[유기오]   3·1절[사밀쩔]

송별연[송:벼련]   등용-문[등용문]

제30항 사이시옷이 붙은 단어는 다음과 같이 발음한다.

  1. 'ㄱ, ㄷ, ㅂ, ㅅ, ㅈ'으로 시작하는 단어 앞에 사이시옷이 올
     때는 이들 자음만을 된소리로 발음하는 것을 원칙으로 하되,
     사이시옷을 [ㄷ]으로 발음하는 것도 허용한다.

     냇가[내:까/낻:까]   샛길[새:낄/샏:낄]

     빨랫돌[빨래똘/빨랟똘]   콧등[코뜽/콛뜽]

     깃살[기빨/긷빨]   대팻밥[대:패빱/대:패다빱]

     햇살[해쌀/핻쌀]   뱃속[배쏙/밷쏙]

     뱃전[배쩐/밷쩐]   고갯짓[고개찓/고갣찓]

  2. 사이시옷 뒤에 'ㄴ, ㅁ'이 결합되는 경우에는 [ㄴ]으로 발음한다.

     콧날[콛날→콘날]   아랫니[아랟니→아랜니]

     뒷마루[뒫:마루→뒨:마루]   뱃머리[밷머리→밴머리]

  3. 사이시옷 뒤에 '이' 소리가 결합되는 경우에는 [ㄴㄴ]으로 발음한다.

     베갯잇[베갣닏→베갠닏]   깻잎[깯닙→깬닙]

     나뭇잎[나묻닙→나문닙]   도리깻열[도리깯녈→도리깬녈]

     뒷윷[뒫:뉻→뒨:뉻]

저자 약력

김 희 숙

- 숙명여자대학교
- 동대학원 문학박사
- 현, 청주대학교 인문대학 국어국문학과 교수
- 현, 청주대학교 국어문화원장
- 문화체육관광부 국어심의회 위원
- 논저, '두루높임'의 한 사회언어학적 해석
- 한국어의 세계적 전파: 믿음인가? 가능성인가?
- 한국어 사회와 호칭어 등 다수

황 경 수

- 청주대학교
- 동대학원 문학박사
- 현, 청주대학교 인문대학 국어국문학과 교수
- 현, 청주대학교 국어문화원 책임연구원
- 현, 충청북도 자문위원
- 논저, 충북지역 대학생들의 표준발음에 내한 실태 분석
- 공문서의 띄어쓰기와 문장 부호 오류 양상
- 한국어 교육을 위한 한국어학
- 한국어언어학개론(중국어판) 등 다수

박 종 호

- 청주대학교
- 동대학원 박사수료
- 현, 청주대학교 인문대학 국어국문학과 강사
- 현, 청주대학교 국어문화원 연구원
- 논저, 청주지역 대학생들의 띄어쓰기 실태 연구
- 정보화 시대의 한국어 활용
- 세계어로서의 한국어학(공저) 등 다수

세계화 시대에
한국어 한국인이 모른다

저　자 / 김희숙.황경수.박종호

인　쇄 / 2009년 12월 26일
발　행 / 2009년 12월 31일

펴낸곳 / 도서출판 **청운**
등　록 / 제7-849호
편　집 / 최덕입
펴낸이 / 전병욱

주　소 / 서울시 동대문구 용두동 767-1
전　화 / 02)928-4482.070-7531-4480
팩　스 / 02)928-4401
E-mail / chung@hanmail.net

값 / 13,000 원
ISBN 978-89-92093-24-8

* 잘못 만들어진 책은 교환해 드립니다.